Wolf Jobst Siedler

Stadtgedanken

Als in der Nachkriegszeit mit dem Wiederaufbau begonnen wurde, hatten sich die städtebaulichen Ideale der neuen Architekturgeneration deutlich sichtbar verschoben. Klare Linien und ein allein auf den Zweck ausgerichtetes Bauen fanden ihre Verwirklichung in den modernen Satelliten- und Trabantenstädten. Die alte Bausubstanz, die den Bombenkrieg überstanden hatte, wurde abgerissen oder so modernisiert, daß Stuckfassaden und alles, was nach Verzierung aussah, im Sinne des Zeitgeistes verschwanden.

Schon Anfang der sechziger Jahre beklagte Wolf Jobst Siedler den Verlust des natürlich gewachsenen Städtebaus in seiner Essaysammlung »Die gemordete Stadt« und mußte für dieses unzeitgemäße Festhalten an den Idealen von gestern und vorgestern den Auszug aus dem Planungsbeirat des Landes Berlin und aus dem Vorstand des Berliner Werkbundes hinnehmen.

In diesem neuen Band stellt der Autor provozierend fest, daß nicht die Theorie der Städtearchitektur an ihr Ende gekommen ist, sondern das Stadterlebnis als solches.

Wolf Jobst Siedler, geboren 1926 in Berlin, ist Publizist und Verleger. 1964 erschien der Band »Die gemordete Stadt«, zwei Jahre später die Essay-Sammlung »Behauptungen«. Gemeinsam mit Ernst Jünger publizierte er 1966 den Band »Bäume«. 1982 legte er der Öffentlichkeit die Essay-Sammlung »Weder Maas noch Memel. Ansichten vom beschädigten Deutschland« vor und 1985 den Bildband »Die verordnete Gemütlichkeit«.

Wolf Jobst Siedler

Stadtgedanken

Ein Siedler Buch bei Goldmann

Die Texte dieses Bandes sind ursprünglich in der FRANKFURTER ALLGEMEINEN ZEITUNG, in der SÜDDEUTSCHEN ZEITUNG, in der ZEIT und im SPIEGEL erschienen. Die Beiträge auf Seite 53 und 71 geben die Reden wieder, die der Autor bei der Entgegennahme des Schinkel-Ringes und des Ernst-Robert-Curtius-Preises für Essayistik gehalten hat.

Originalausgabe

Der Goldmann Verlag
ist ein Unternehmen der Verlagsgruppe Bertelsmann

Made in Germany · 5/90 · 1. Auflage

Umschlaggestaltung: Werner Rebhuhn
Umschlagfoto: dpa/Deutsche Presse-Agentur GmbH., Frankfurt am Main
Gesamtherstellung: Elsnerdruck, Berlin
Verlagsnummer: 12801
DvW · Herstellung: Barbara Rabus
ISBN 3-442-12801-3

Inhaltsverzeichnis

Vorwort

Die Architekturträume der Nachkriegszeit sind uns so ferngerückt wie die geflochtenen Drahtsesselchen Ludwig Erhards und die Tütenlampen, mit denen Konrad Adenauer seinen Sonderzug ausstaffierte. Es ist banal geworden, dagegen zu polemisieren und die Ideale von gestern zum Spott zu machen. Der ganze postmoderne Aufbruch des letzten Jahrzehnts ist ja ein einziger Beleg für dieses Umschlagen des Epochenklimas.

Vor ziemlich genau drei Jahrzehnten hat der Verfasser in einer Reihe von Essays die Verluste beim Namen genannt, die der Preis für den Fortschritt waren, die das Neue Bauen fraglos gebracht hat. Unter dem Titel »Die gemordete Stadt«, Anfang der sechziger Jahre gesammelt, attackierten sie den Zeitgeist der Nachkriegszeit, die nicht nur die gerade vergangene Epoche verneinte, sondern die bürgerliche Stadt, und zwar sowohl in deren kaiserlicher als auch in deren republikanischer Gestalt. Heiteren Hochhausgefilden in durchgrünter Parklandschaft galten die Träume jener Architektengeneration, die dem steinernen Meer von einst entfliehen wollte.

Der jugendliche Autor der »Gemordeten Stadt« beklagte nicht nur, daß die alten Städte Europas planiert wurden, wo sie den Bombenkrieg überstanden hatten, sondern daß auch die großen Stadtbaumeister der zwanziger Jahre nirgendwo zum Zuge kamen und zumeist in der Emigration blieben oder in sie zurückgedrängt wurden; die Ideale der Satelliten- oder Trabantenstädte beherrschten statt dessen die deutsche Wirklichkeit. Der Autor bezahlte dieses unzeitgemäße Festhalten an den Idealen von gestern und vorgestern mit dem Auszug aus dem Planungsbeirat des Landes Berlin und aus dem Vorstand des Berliner Werkbundes.

Wiederum dreißig Jahre später fragt er sich aber, ob nicht die Irrtümer der Planer die Wahrheiten der Epoche waren. In neuen Essays stellt er die Überlegung an, ob wir nicht tatsächlich in eine nachstädtische Situation eingetreten sind. Nicht eine Theorie des modernen Städtebaus, so lautet die provokative These dieses neuen Bandes, sei an ihr Ende gekommen, sondern das Stadterlebnis als solches, so daß die städtische Zivilisation im automobilistischen Zeitalter endgültig der Vergangenheit angehöre. Der Kampf gegen die Erscheinungsformen der neuen Architektur, altmodern oder postmodern, sei nur Spiegelfechterei.

In seinem neuen Band stellt er die ironische Frage, ob Münchens Neu-Perlach oder Berlins Märkisches Viertel nicht der exakte Ausdruck einer Gesellschaft seien, deren Symbol nicht der Marktplatz, sondern der Parkplatz ist.

Vom Boulevard zur Spielstraße

Je weiter sich das Jahrhundert seinem Ende nähert, desto zweifelhafter wird es, ob es nicht das vergangene war, das als das eigentlich städtische in die Geschichte eingehen wird. Damit ist nicht die Massenhaftigkeit der zivilisatorischen Gehäuse gemeint: in diesem Betracht hat die Epoche ein weiteres Wachstum der Ballungen gebracht, dessen Ende noch nicht abzusehen ist. Vielmehr wuchern die steinernen Agglomerate ins Maßlose, sprengen im Falle von London und Paris die Zehn-Millionen-Grenze, greifen in der Dritten Welt ins nicht mehr Faßbare aus. Längst haben Mexiko-City und Kairo mehr Einwohner, als sie das siegreiche Preußen nach den Napoleonischen Kriegen besaß oder das Mutterland jenes Empire, das große Teile der Welt beherrschte.

In diesem Sinne zieht die städtische Massenzivilisation unaufhaltsam herauf und bringt das zum Ende, was als Gegensatz von Land und Stadt so lange die Geschichte akzentuiert hat. Dies war der Schrecken der faschistischen Energien, die in so vieler Hinsicht Protestbewegungen waren: das Festhalten-Wollen des Alten stand ja auch hinter der Modernität der deutschen Gewaltherrschaft, die die Dinge so ungeheuer beschleunigte, indem sie die Zeit anzuhalten suchte.

Die Absage an die Zukunft ist hinter der Oberfläche der ungeheuren Akzeleration aller Dinge eine Grundstimmung des Jahrhunderts, und in dieser Hinsicht gehört der Satz von Aldous Huxley »Time must have a stop« zu den Schlüsselworten der Epoche. Hitlers Versicherung, er werde die Verwandlung ganz Deutschlands in ein einziges Ruhrgebiet »mit ein bißchen Landschaft zwischendurch« verhindern, macht die Stimmungen deutlich, denen er antwortete und die er radikalisierte.

Der Rückgriff des Regimes auf Uraltes, das strohgedeckte Bauernhaus, das durch eine Senkung der Brandprämie gefördert wurde, die Ordensburg, deren Quaderwelt sich selbst die Schinderstätten des Regimes in Mauthausen anglichen, das romantische Verbot oberirdischer Elektrizitätsleitungen in den geplanten Wehrbauern-Siedlungen des eroberten Ostens – in solchen Rückgriffen wird deutlich, auf welche Affekte die erste technisch instrumentierte Diktatur der Moderne zurückging.

Diese Utopien der Modernitätsverweigerung waren die Replik auf die Utopien der Moderne. Die Entwürfe der Zukunft, die seit der Jahrhundertwende die Herzen und Hirne der Avantgarde bewegten und sich in den Phantasmagorien der Architekten ebenso ausdrückten wie in den Träumen der Expressionisten, wollten die Verwandlung der Welt in ein Laboratorium der Technik, das auf die Natur nicht mehr angewiesen ist.

In der Imagination von schwimmenden Städten, Siedlungen auf dem Grund des Meeres und gläsernen Überdachungen der Alpen mischt sich höchste Rationalität mit verträumtester Poesie. Dem entsprechen die gezeichneten Hochhaus-Reihungen, zwischen denen sich in Röhren der Verkehr bewegt, wobei gestaffelte Ebenen dafür sorgen, daß sich die verschiedenen Fortbewegungsarten nicht begegnen. Das sind nicht geisterhafte Welten, wie sie die Phantasie hervorbringt, die sich durch ungeahnte technische Möglichkeiten beflügelt sieht und den Turmbau zu Babel aus dem Mythos in die Realität holen will. Das sind Wunschvorstellungen noch der jüngsten Gegenwart; es ist nicht lange her, daß Frank Lloyd Wright sich daranmachte, Wohngebirge durchzurechnen, deren oberste Stockwerke den Bewohnern alpines Klima jenseits der Wolkendecken sichern sollten.

Solche Träume sind auf den ersten Blick der Gegenwurf der Stadt gegen das Land; endlich nutzt der neue Mensch die Chance, die Stadt auf ihren eigenen Begriff zu bringen. Der Lärm des Verkehrs, der Staub der Straßen, das Gift der Gase liegt tief drunten; hoch oben in gleißender Sonne sitzen leichte Geschlechter und überwinden das Gestänge, das ihre eigene Hervorbringung ist. Die Zikkurat von Babylon und die hängenden Gärten der Semiramis sollen Wahrheit werden, das Überirdische sich ins Irdische verwandeln. Das Bauen des zwanzigsten Jahrhunderts hat immer dies im Auge gehabt, wie erdbeladen sein Tun auch war.

Aber die strahlenden Gebilde am Lake Shore Drive

Chicagos und die müden Großplattenbauten von Marzahn träumen sich gleicherweise aus dem heraus, was fünf Jahrtausende Stadt war und was im vergangenen Jahrhundert mit der Belle Epoque den Schmelz des Abschieds hatte – Roms Korso wie Wiens Ringstraße. Kein stockendes Gedränge mehr, kein Hinundherschieben der Menge, die Lust auf sich selber hat, nirgendwo mehr der großstädtische Genuß des Zweckmäßigen und des Nutzlosen.

An der Neige des Jahrhunderts hat diese Welt sich selber den Rücken gekehrt, und auf einmal treten die Gartenstädte Riemerschmids, Tessenows und Schultze-Naumburgs neben die Gebirge von La Défense und vom Märkischen Viertel. Der widerstädtische Geist prägt sich nur in verschiedener Form aus, und aus dieser Perspektive steht der Erbbauernhof neben dem Wolkenturm, beide gleich fern dem Lebensgefühl des Städters. Tatsächlich fühlt er sich hier wie da verloren, während er sich einst auf Londons Picadilly und dem Rond Point von Paris ebenso begegnete wie an der Kreuzung von Leipziger und Friedrichstraße, den bevölkertsten Plätzen Europas von 1910.

Städtische Anlagen schaffen kein Lebensgefühl, sie drücken es aus; der Städtebau ist stets der Vollzugsbeamte der Epochenstimmung. Dies muß man im Auge haben, wenn man die Versuche der Gegenwart betrachtet, aus der Moderne herauszutreten, um mit neuen Formen alte Wohnfiguren herzustellen. Der postmoderne Elan, der binnen weniger Jahre das Wollen der Nachkriegszeit in sein Gegenteil verkehrt hat, so daß die gebaute Hinterlassenschaft einer ganzen Generation über Nacht den Stätten eines vergangenen Zeitalters gleicht, will zurück zu jener Stadt, deren Straßen und Plätze Orte des Lebens sind.

Die Vokabel von der menschlichen Stadt, die heute Politiker, Stadtplaner und Grüne gleichermaßen verwenden, wenn sie ihre Hoffnungen beschreiben, hat jenen Begriff besetzt, der das Losungswort der Neuerer von 1920 war. Wieder einmal zeigt sich, daß die Sache besitzt, wer über das Wort verfügt; man muß sich in den Besitz der Terminologie bringen, wenn man das Bestehende verändern will. Auch dies meint Hegels Satz, daß die Wirklichkeit nicht aushält, wenn der Gedanke erst revolutioniert ist.

Aufs neue ist die Stadt ihren Bewohnern Moloch; gestern waren damit die Hinterhof-Viertel gemeint, heute die Hochhaus-Siedlungen am Stadtrand. Eben erst wurden die innerstädtischen Quartiere des Wilhelminischen Zeitalters abgerissen, weil man Punkthäuser in Parks wollte; jetzt zieht sich das Leben aus jenen Städten zurück, die Verheißung für die Zukunft sein sollten. Der Wohnungsleerstand ist die größte Sorge der Berliner Gropius-Stadt, mit der der Achtzigjährige die Träume des Dreißigjährigen verwirklichte. Die Sehnsucht von heute gilt der italienischen Piazza und dem englischen Square, und es ist kein Zufall, daß man vor den Reißbrettern der Jungen häufig die Empfindung hat, an bekannte Orte versetzt zu werden, was den neuen Anlagen mitunter einen Anstrich von Capri gibt.

Tatsächlich ist es das Provinzielle, das das Metropolhafte heute überall ablöst, und das nicht nur in der Errichtung des Neuen, sondern auch in der Wiederherstellung des Alten. Man möchte die Stadt des alten Europa, aber man möchte sie ohne all das, was diese Stadt ausgemacht hat – das belebte Chaos, das unreglementierte Leben, die schmutzige Unordnung, das unansehnliche Grau.

So führt man Schutzzonen auf, die Kindern, Greisen und Rabatten vorbehalten sind. Oasen der Unwirklichkeit, in denen gewiesen wird, wo man zu spielen, zu kaufen und zu ruhen hat. Um das unordentliche Leben abzuwehren, werden dann Blumenkübel auf die Straße gestellt, die dem unerwünschten Verkehr den Charakter einer Schnitzeljagd geben. Staatlich geprüftes Gestänge hält die Kinder an, am vorgeschriebenen Orte zu hangeln, während das Trottoir, wo man gestern Pflasterhüpfen machte und Murmeln spielte, durch Mosaikgirlanden in einen Kurpark verwandelt wird.

Es ist eine Verniedlichung des Urbanen, die bereits manchen Stadtteilen den Anstrich eines Kinderzimmers gibt. Lustige Skulpturen sollen Heiterkeit verbreiten, und Hausbemalungen, die man früher nur an verschwiegenem Orte sah, machen darauf aufmerksam, daß man sich gemütlich fühlen kann – eine Verkindlichung, die sich ja auch in der Sprache der Werbeindustrie bemerkbar macht, die die Produkte des Alltags Infantilen oder Senilen anzubieten scheint.

Der Boulevard aber wird zum Balkon-Wettbewerb: Dem Lauf der Jahreszeiten folgend, rücken Kolonnen auf den Mittelstreifen, um zu pflanzen, zu gießen, zu jäten. Das Reihenhaus-Glück nimmt vom Stadtzentrum Besitz. Britz ist auf den Kurfürstendamm gezogen, und Dingolfing findet am Charlottenburger Schloß statt. Nur an New Yorks Park Avenue, Roms Via Veneto und Barcelonas Ramblas ist noch abzulesen, wie jene Boulevards aussahen, auf denen man einst promenierte.

Es sind dies Erscheinungen, die die Kärntner Straße in Wien ebenso prägen wie all die anderen Fußgängerstraßen und Spielbereiche zwischen Nordsee und Alpen. Das Leben, für das man all diese Zurichtungen unternimmt, wird seiner Unordentlichkeit wegen ausgeschlossen, und verwundert sieht man im nachhinein, daß jene Altersheime am begehrtesten sind, die sich dem Treiben der Stadt zuwenden; die preisgekrönten Spielgerätschaften sind ungenutzt, während der Bürgersteig vom Lärm der Kinder erfüllt ist. In dieser Hinsicht ist der staatlich konzessionierte Abenteuerspielplatz gegen den Geist des Lebens wie gegen den der Stadt, die auf neue Weise Anstalten macht, sich selber zu entfliehen.

So sieht das Ende einer Epoche, die mit so großem Überschwang begann, eine neue Art der Stadtverweigerung. Allerdings bleibt fraglich, ob die Irrtümer der Planer nicht die Wahrheiten des Zeitgeistes sind; denn die Stadt der Belle Epoque ist nicht mehr, und keine Anstrengung holt sie zurück. Auf immer neue Weise hat sich das Jahrhundert der Stadt zu nähern gesucht – in den Entwürfen silberner Türme, den Bildern begrünter Vororte und den Idealen entkernter Zentren. Aber der Städter ist nicht mehr da, der bis in die Nachtstunden hinein flanierte und die Promenaden nicht trotz, sondern wegen ihrer lärmerfüllten Undurchdringlichkeit liebte.

Einen Abglanz der städtischen Welt mit jenen Bedrohungen und Verlockungen, die in den Büchern und Bildern der zweiten Hälfte des neunzehnten Jahrhunderts aufgehoben sind, gab noch das beschädigte Gesicht des aus dem Krieg auftauchenden Europa. Über allen Zerstörungen lag so etwas wie ein Abendglanz der bürgerlichen Welt, die mitgenommen und glücklich, davongekommen zu sein, war, traurig und extravagant, von einer Lebenslust, die vielleicht nur von sich selbst Abschied nahm.

Die postmoderne Anstrengung stellt die Bühne wieder her, aber ein anderes Stück steht auf dem Spielplan. Es ist ein hilfloses Sehnen, das mit den Requisiten auch das Szenario der bürgerlichen Welt wiedergewinnen will. Denn sie ist längst hinter dem Horizont versunken, und Ordnungen ganz anderer Art ziehen herauf. Vielleicht ist deren hervorstechendstes Merkmal nicht so sehr die Sozialisierung im Ökonomischen als die Planierung im Geistigen und Seelischen.

Wo die gleichen Artikel gekauft und dieselben Stücke besichtigt werden, hat der Boulevard sein Recht verloren, und die Filmtheater machen mit Grund den Ladenketten Platz. Wenn die Söhne und Töchter im Rollkragenpullover zur Premiere gehen, zieht der Jeansshop legitimerweise auf die Champs-Elysées.

Wer die Egalisierung wollte, darf sich über die Nivellierung nicht beklagen, die deren Preis war. Die Wiederherstellung des Staates darf nicht vergessen machen, daß dessen Gesellschaft nicht zurückgekommen ist. Wer den Untergang des alten Europa auch in seiner gebauten Form beklagt, muß im Auge behalten, daß dieses sich selber abschaffte. Die wirklichen plebejischen Prozesse finden ja nicht in den Vorstädten der Arbeiter, sondern in den Köpfen der Bürger statt. Dies sind aber die einzigen Revolutionen, die keine Restauration rückgängig machen kann, und insofern spiegelt die künstliche Idylle vor den abgeräumten Kulissen von einst tatsächlich die Abkehr der Stadt von sich selbst.

In diesem Sinne ist nicht die postmoderne Palastarchitektur der Ausdruck des Klimas dieser Jahre, sondern jene Berliner Autobahn-Überbauung, deren Hofraum nichts als ein System von Kletterstangen, Rutschen, Wippen und Barren birgt – wo Draußen und Drinnen sich gleichermaßen abkapseln von der städtischen Wirklichkeit. Ist das der endgültige Abschied von dem, was einmal Stadt war?

Abschied von der Vulgärmoderne

Die Baugeschichte der Nachkriegszeit fand in vielerlei Hinsicht zwischen zwei Bauausstellungen statt. Wie die Interbau von 1957 mit ihren Hochhaus-Gruppierungen nicht nur Deutschlands Abwendung von der bürgerlichen Stadt des neunzehnten Jahrhunderts signalisierte, sondern auch den endgültigen Abschied vom zugleich sozialen und formalen Elan des Bauens der zwanziger Jahre – worauf dessen Vater, Berlins Generalbaumeister Martin Wagner, denn auch sogleich in beschwörenden Briefen aufmerksam gemacht hat –, so ging mit der IBA von 1987 jene dreißigjährige Anstrengung zu Ende, die der alten europäischen Stadt in neue Formen des Zusammenlebens und -wohnens entfliehen wollte. Der Monumentalismus der Moderne, der der Gigantomanie der Antimoderne folgte, tritt wie ein Nachtmahr ab; was so viele Jahrzehnte Traum war, ist zum Alptraum geworden, und plötzlich findet sich niemand mehr, der das Wollen von gestern rechtfertigen möchte.

Die Wende, die mit den achtziger Jahren kam, mochte anfangs als Rückschlag erscheinen, wie die Baugeschichte ja stets von Wellenbewegungen gekennzeichnet ist. Die Schinkel-Schule, die sich vom Anfang des Jahrhunderts bis in das letzte Jahrzehnt hält und in Peter Behrens und Mies van der Rohe eine späte Erneuerung erfährt, hat viele Gegenbewegungen überdauert, von der Neugotik der vierziger bis zum Renaissancismus der achtziger Jahre. Aber am Ende erwies sie sich als die beständige Kraft, im ästhetischen wie im geistigen Sinne. Für sie sprachen nicht die Proportionen der Architektur, sondern die Relationen des Denkens, nämlich ein Entwurf vom Menschen zwischen Geschichte und Gegenwart. Das Bauen war nur ein Mittel, dem zur Erscheinung zu verhelfen.

Was jetzt hinter dem Horizont verschwindet, hinterläßt keine Vision vom einzelnen und der Gesellschaft; die Hochhaus-Gebirge der zurückliegenden Jahrzehnte sind weder von einem philosophischen Entwurf vergleichbar dem Palladios oder Schinkels ausgegangen, noch haben sie zu ihm geführt. Es ist schwer zu sagen, was ihre Herrschaft legitimiert hat, wie heute auch ihren Apologeten deutlich wird, die vergeblich nach Rechtfertigungen Ausschau halten, die über die – allerdings besonders kostspielige und Raum verschwendende – Befriedigung von Wohnungsnot hinauslaufen.

Dennoch hat selten eine Generation so lange ihre Machtpositionen behauptet. Von 1880 bis 1930 ändert sich das Klima des Bauens alle zehn Jahre. Erst treten Ihne und Grisebach ab, dann werden Messel und Behrens verdrängt; nach dem Sturz des Kaiserreichs bezieht eine ganz neue Avantgarde die Befehlsstationen in den

Bauverwaltungen und Preisrichterkollegien. Planungsgedanken und Formanstrengungen lösen einander ab wie die Malerschulen zwischen Anton von Werner, Liebermann und Schlemmer.

Diese Geschichtlichkeit des Gebauten macht ja den Gang durch die alten Städte zu jenem geistigen Abenteuer, das die Dichter von Balzac bis Benjamin liebten. Bis gestern galt das auch für Berlin, und noch heute läßt sich an den Fragmenten der alten Metropole auf das Jahrzehnt genau definieren, wie die Etappen ihres Wachsens verliefen.

Damit war es mit der zweiten Gründerzeit nach diesem Kriege vorbei. Nicht nur der Lokalgeschmack des Bauens, das immer regional gefärbt gewesen war, wurde applaniert, und die gleichen Komplexe entstanden in Kiel, Ulm und Frankfurt. Verheerender wirkte noch, daß jenes Einander-Ablösen von Richtungen und Schulen, das allen Städten ihre Lebendigkeit gibt, durch den Triumph einer einzigen Doktrin abgelöst wurde. Diesmal ergriff eine Generation sehr jung die Macht und gab sie ihr Leben lang nicht mehr aus der Hand. Wer Ende der vierziger Jahre die Szene betreten hatte, beherrschte sie noch Anfang der achtziger. Man muß sich dies so vorstellen, als wenn Wallot und Raschdorff noch 1920 das Heft in der Hand gehabt hätten; Preisträger und Preisverleiher in einer Person.

Natürlich kamen zwischendurch Außenseiter ins Spiel, aber die Kommandostellen blieben im Besitz jener mittlerweile Sechzig- bis Achtzigjährigen, die Jahrzehnte hindurch darauf beharrten, die Vollstrecker der

Avantgarde zu sein. Es bedurfte des Abtretens eines Machtkartells, um die Dreißig- bis Vierzigjährigen nach vorn zu bringen, die sich nun in einer amüsanten Verkehrung der Fronten von den Vulgärmodernen als Klassizisten gescholten sehen.

Die eigentümliche Geschichtslosigkeit der neuen Quartiere hat viele Ursachen, wobei Materialien und Konstruktionen die geringste Rolle spielen, wie man sehen wird, wenn die Herrschaft der alten Ideologien endgültig gebrochen ist. Wichtiger war schon die Ablösung des Bauherren durch den Bauträger, womit eine neue Schicht die Szene betrat, die sich besser in der Bilanz als in der Historie auskannte.

Im Verein mit dem antihistorischen Grundzug der Epoche kam eine stadtplanerische und ästhetische Geschichtsfeindlichkeit zum Zuge, die mit dem Bauen des Dritten Reiches auch gleich das der zwanziger Jahre über Bord warf. Das Heraustreten aus allen geschichtlichen Traditionen wurde mit der eigenen Geschichtslosigkeit bezahlt. Fremd dem geographischen Raum und dem periodischen Fluß der Zeit, treten die Betonlandschaften des Wiederaufbaus undefinierbar vor die Augen der Enkel.

Wer vermöchte nach dem Augenschein zu sagen, ob das Märkische Viertel 1960 oder 1970 gebaut wurde? Wer, wann das von Hochhäusern umstandene Rondell des Mehringplatzes – der einst als Belle-Alliance-Platz eine der schönsten Anlagen der Stadt war – entstand. 1970 oder 1980? Die Betonburgen am Havelufer – mit denen nach einem halben Jahrhundert der Traum von Gropius, den Wannsee mit einem System von fünfzehn Hochhäusern zu säumen, Wirklichkeit wurde – und die Autobahnüberbauung in einem stillen Wohnviertel gleichen Fossilien der Vergangenheit; tatsächlich aber entstanden sie eben jetzt.

Zwischen all diesen Monumenten der Maßlosigkeit liegen jedesmal zehn Jahre, aber nur aus den Grundbüchern kann man das ablesen. Spurlos gingen die Jahrzehnte am Gesicht Berlins vorbei; niemand wird nach einem weiteren Jahrhundert den Wechsel des geistigen Klimas der Nachkriegszeit an der gebauten Hinterlassenschaft ablesen können. Zeitlos tritt der Verrat – gleicherweise an Tradition und Moderne – vor die Nachlebenden.

Die neuen Schulen, die heute nach vorn drängen, legitimieren sich allein schon durch die Ablösung der alten, deren verheerendes Wirken nun plötzlich vor aller Augen liegt. Es ist, als ob ein Bann gebrochen wäre; nach Jahrzehnten ungebrochener Herrschaft fällt es nun gleichsam über Nacht schwer, auch nur einen einzigen Verteidiger des Bauwillens der Nachkriegszeit ausfindig zu machen.

Dies ist kein Rückschlag, dies ist die endgültige Niederlage, und keine Renaissance ist denkbar. Das gilt nicht nur für die Großstädte; was mit den friedlichen Flecken an der Bergstraße zwischen Darmstadt und Heidelberg geschehen ist, hat weniger Chancen einer späteren Rehabilitierung als die Gartenstädte, die Riemerschmid und Muthesius für das späte Kaiserreich und Schmitthenner, Tessenow und Taut für die Republik bauten. Auf Gropiusstadt, Märkisches Viertel, Autobahnüberbauung und Kongreßzentrum läßt sich mit mehr Recht jene schockierende Ungläubigkeit beziehen, die der Vater Speer 1938 empfand, als ihm der Sohn die Planung für Hitlers Berlin zeigte: »Ihr seid komplett verrückt geworden!«

Es ist dieses Debakel der zurückliegenden Jahrzehnte, das die Selbstgerechtigkeit so ärgerlich macht, mit der die jetzt abtretende Generation erst ihre Vorgänger und nun ihre Nachfolger verurteilt. Verglichen mit der monströsen Rücksichtslosigkeit der Betongebirge am Kurfürstendamm, die zwanzig Parzellen zu einem einzigen Koloß zusammenfaßten, war die Neue Reichskanzlei in der Voßstraße mit ihrer Rücksichtnahme auf die Traufenhöhe der umliegenden Gebäude ein Wunder an Sensibilität, und die Pusseligkeit mancher postmodernen IBA-Häuser ist eine Wohltat, wenn man sie gegen die Aggressivität stellt, mit der die berühmten Protagonisten der vergangenen Jahrzehnte ihre Horten-Häuser, Bankpaläste und Parkpaletten unter der Flagge der Ehrlichkeit in das Herz mittelalterlicher Städte stellten – unter dem Beifall von Architektenverbänden, Werkbünden und Akademien, aus deren Reihen sie ja ohnehin stammten.

Natürlich hat die Rückkehr von Loggien, Erkern, Wintergärten und Arkaden – so erwünscht sie nach der gewalttätigen Monotonie der letzten Jahrzehnte sind – ihren amüsanten Aspekt, und das Rundfenster, das sich die Jungen bei der Revolutionsarchitektur und bei Gilly ausgepumpt haben, ist inzwischen so kommun geworden wie gestern der vertikale Fahrstuhlturm und das waagerechte Fensterband. Aber dergleichen sieht mit Nachsicht, wer lange genug den Kopf über die Platitüden von gestern geschüttelt hat.

Wenn man davon ausgeht, daß die Dummheit einigermaßen gleichmäßig über die verschiedenen Berufe verteilt ist, nimmt die Mediokrität fast allen Bauens nicht wunder. In jeder Generation sind es ein paar Köpfe, die zählen. Es kommt nur darauf an, ob die vielen ohne eigenes Urteil von einem verbindlichen Formenkanon getragen werden: das gibt dem Zeitalter historischer Stile ihre Noblesse noch im Mittelmaß. Die auf sich gestellte Individualität ist immer verloren.

Wie sollte es bei den Architekten anders sein? Woher kommt die Vermutung, daß der Umgang mit dem Reißbrett zu ästhetischer Unabhängigkeit eher befähigt als der mit dem Skalpell? Geht man durch unsere Städte, macht es vielmehr den Eindruck, als seien die Architekten noch hilfloser der Mode ausgeliefert als andere Professionen, die das Richtige oder Zweckmäßige wollen und nicht das Bedeutende oder das Zeitgemäße.

Dies muß man wissen, wenn man das Ende einer Epoche begrüßt, die verheerender in das Gesicht der Landschaft und der Stadt eingegriffen hat als jede vorausgegangene: Es kommt nicht das Gute, sondern das weniger Schlimme. Die Postmoderne führte nicht die Träume von morgen herauf; sie beerdigte die Alpträume von gestern.

Eines zumindest ist unverkennbar. Die Gralshüter der

Nachkriegs-Epoche räumen Stück für Stück ihre Fortifikationen, und mit jeder aufgegebenen Bastion werden sie merken, daß auch die Linien ihres Sukkurses dünner werden; mitunter erfreut man sich schon des Anblicks, wie grau gewordene Altmoderne postmoderne Rundfenster zeichnen. Die Erfahrung der Politik, daß nach verlorenen Wahlen der Mitgliederschwund einsetzt, bleibt nun auch Architekten nicht erspart.

Allerdings muß man gerechterweise sagen, daß die Neuen ihre Gelände nicht erkämpft und die Alten ihr Terrain nicht verteidigt haben. Bis zum Tage des Machtwechsels, der ein Generationswechsel war, herrschte tiefer Frieden in den Institutionen, in denen sich der Geist der Epoche artikulieren soll. Die Akademie-Mitglieder wählten ohnehin nur ihresgleichen, und die Verbände taten, was Verbände tun: Sie meldeten sich zu Wort, wenn es um Interessen ging, und diese Interessen lagen ein Vierteljahrhundert nicht auf dem Feld jener intellektuellen Auseinandersetzungen, die seit dem Beginn der siebziger Jahre die Atmosphäre in den Vereinigten Staaten, in den Niederlanden, in Italien bestimmten. Man saß ja ohnehin an denselben Tischen in Restaurants und Gremien, und die Anstrengung ging nur dahin, ein wenig weiter nach oben zu sitzen.

Dies zählt zu den Mißlichkeiten der Demokratie: daß sie über die Prozeduren von Anhörung und Begutachtung jenen Institutionen zur Mitsprache verhilft, die sich über alle Regierungswechsel hinweg als das einzig Dauerhafte erwiesen haben. Jene inzwischen grau gewordenen Köpfe, die Mitte der fünfziger und sechziger Jahre die Kommissionen und Gremien beherrschten, aus denen dann Betongebirge am Stadtrand, achtbahnige Trassen durch City-Quartiere und Verkehrskreisel auf zerstörten innerstädtischen Wohnplätzen hervorgingen, sitzen nun als Juroren über den Planungen, mit denen ihr Tun repariert werden soll.

Die Architekten-Generationen der Nachkriegszeit lebten aus Vergangenheitshaß und Fortschrittsglauben zugleich. Mit der Hinterlassenschaft des Dritten Reiches sollten auch die städtebaulichen Restbestände der bürgerlichen Welt abgeräumt werden, die man ja ohnehin nur mit den Augen Mehrings, Hegemanns und Zilles sah.

Vage glaubte man vor sich die Umrisse einer neuen Gesellschaft zu sehen, für die man neue Gehäuse errichten wollte. Da die Nachkriegsgeneration, aus der Epoche der wechselnden Uniformen auftauchend, keine Zeit gehabt hatte, sich von Geschichte und Zukunft einen reflektierten Begriff zu machen, liefen die Visionen auf Agglomerate von Hochhäusern hinaus; ihr Zukunftsentwurf war so blind wie ihre Vergangenheitskenntnis. So räumte man mit den vergänglichen Formen des neunzehnten Jahrhunderts auch die dauernden Bedingungen menschlichen Wohnens und Lebens ab. Fährt man heute durch die Stadt, hat man den Eindruck, daß ihr feindlich Gesinnte sie aufgebaut haben.

Es ist dies der Schock, der hinter der Postmoderne steht und ihr höheres Recht ausmacht. Loggien, Rundfenster und Baluster sind Gekräusel auf der Oberfläche der Moden. Die Auseinandersetzungen darüber wissen nichts davon, daß es am Ende immer die Stadtgestalt ist, die über die Architektur triumphiert. Nicht die ästhetische Subalternität macht die Misere des Wiederaufbaus aus, sondern die gedankliche Inferiorität der Utopie.

An schlechter Architektur ist noch keine Stadt zugrunde gegangen, wie Europas Boulevards von den Champs Elysées über die Via Veneto bis zum Kurfürstendamm lehren – deren eklektizistische Banalität dem postmodernen Schnörkelkram so unähnlich nicht ist. Aber auch in dieser Hinsicht ist die Wende im Bewußtsein vorbereitet. Nach dreißigjähriger Herrschaft des Purismus hat es in den Köpfen zu dämmern begonnen, daß für die großstädtische Welt die stadträumlichen Erfindungen Messels doch mehr bedeuten als der Reinigungsrigorismus von Loos.

Die Anstrengung der Gegenwart gilt nicht dem Stil, sondern der Gestalt. Reüssiert sie hier, ändern Fehlschläge dort an ihrem Recht nichts. Der sich abzeichnende Sieg der neuen Schulen zeigt sich aber nicht nur an der Schnelligkeit, mit der es sich die ersten Bewohner in den neuen Vierteln heimisch machen. Auch in den alten Stadtteilen zieht sich das Leben in jene Bereiche zurück, die von dem Neuerungswillen der zornigen jungen Leute verschont blieben, die jetzt als melancholische alte Männer die Ergebnisse ihres Wirkens betrachten.

Auch mit der Flucht in die stillen Nebenstraßen und abgelegenen Quartiere ziehen die Nachgeborenen nämlich den Saldo aus der Lebensleistung einer Generation.

Die Schuld der Schuldlosen

Der Moderne blieb in ihrem Jahrzehnt die Bewährung erspart. Sie etablierte sich spät und blieb, aufs Ganze gesehen, trotz triumphaler Durchbrüche eine Außenseitersache.

Erst die Legende hat die Republik zu einer Epoche der Avantgarde gemacht. In Wahrheit war sie, was alle Epochen sind, eine Angelegenheit der Moderne von gestern. In der Malerei beherrschten Liebermann, Corinth und Slevogt die Szene, in der Skulptur Kolbe und Scheibe oder Lehmbruck und Barlach. Die anderen blieben tatsächlich Avantgarde, nämlich: Vorhut der Hauptmacht.

Das alles gilt für die Architektur in gesteigertem Maße. Gegen Ende der knappen vierzehn Jahre, in denen die Weimarer Republik sich bauend darstellen konnte (was aufs Jahr der Spanne zwischen 1975 und heute entspricht), kam sie überraschend zum Zuge, aber im spektakulären Solitär – dem Kaufhaus Mendelsohns, dem Gutsbetrieb Härings, der Hochschule von Gropius. Das Wichtigste blieb Entwurf, vorweg die neuen stadträumlichen Erfindungen, Hans Poelzigs Königsplatz ebenso wie der Alexanderplatz von Mies van der Rohe.

Als dieser als Nachzügler Ende der dreißiger Jahre Deutschland verließ, hatte seine Generation nicht eine einzige ihrer städtebaulichen Visionen verwirklicht, nie war es ihr gegeben gewesen, das gebaute Gesicht der Zivilisation zu formen. Die gläsernen Hochhäuser, die raumdurchfluteten Plätze, die republikanischen Gebärden, die egalitären Konzepte der radikalen Demokratie, alle waren sie Träume geblieben. Vielleicht Alpträume?

Zwölf Jahre später war das Unfaßbare geschehen: Eine Zivilisation hatte sich selbst beseitigt. Die Tabula rasa, von der sie alle geträumt hatten, als Corbusier in Gedanken Paris und Hilberseimer in der Vorstellung Berlin abgeräumt hatten, um neue Gehäuse für eine neue Gesellschaft zu errichten, hatte sich selber hergestellt. Die aristokratische Residenz war ebenso dahin wie die bürgerliche Metropole, vom Schloß bis zum Brandenburger Tor kein Haus mehr, zwischen Kottbusser Tor und Zoologischem Garten ein Meer von Trümmern. Dem inspirierenden Traum rationaler Städte stand nichts mehr im Wege. Den Architekten, die nach dem Ende des Krieges aus aller Welt nach Berlin kamen, muß das Herz höher geschlagen haben, und nicht nur vor Schrecken.

Das war die Chance der Generation, die nach 1945 kam; den Söhnen fielen die Utopien der Väter zu, und zum ersten Mal waren sie in den Bereich des Machbaren gerückt. Es sollte sich erweisen, daß diese größte Herausforderung auch die tiefste Gefährdung des Neuen Bauens brachte, das man inzwischen gegen sich selber in Schutz nehmen muß.

Die Macht der Verhältnisse, die ein massenhaftes Bauen erzwang, wie es nicht einmal die Gründerzeit der Industrialisierungsphase gesehen hatte, brachte die Ohnmacht des Gedanken zutage: Die Avantgarde war ihrer eigenen Vision nicht gewachsen, und sie wäre es wohl nie gewesen.

Schaut man heute aus dem Besitz der Erfahrung auf die Utopien der zwanziger Jahre zurück, so nehmen jene gezeichneten Träume einen beängstigenden Charakter an. Hilberseimers Reihungen gleichförmiger Hochhäuser für gleichförmige Menschen in einer klassenlosen Gesellschaft – sind sie so weit von jenen Betongebirgen, die am Rande aller deutschen Städte entstanden? Mies van der Rohes Konzept eines gläsernen Platzes, dessen Raumwände aus Luft und Licht gebildet werden – so fremd ist das nicht jenem Alexanderplatz, den die heruntergekommenen Erben der sozialen Utopien im anderen Teil der Stadt herstellten.

Die vollkommene Desillusionierung am Ende einer Bauepoche, die nun so lange währt wie die ganze Dauer des Kaiserreichs, hat nicht die verirrten Söhne im Auge, sondern die irrenden Väter. In diesem Sinne mögen die Heutigen melancholisch ihrer Idole von einst gedenken: »Ihr laßt den Armen schuldig werden, dann überlaßt ihr ihn der Pein.«

Auf nahezu allem nach diesem Krieg Gebauten lastet diese Hypothek: der Zwang einer Not, die in kürzester

Frist gemildert werden wollte, und die Herrschaft einer Doktrin, die nicht eine andere Stadt wollte, sondern gar keine mehr. Das eine führte dazu, daß eine Generation ganze Stadtviertel in einem Alter konzipierte, in dem ihre Väter und Großväter mit den ersten Aufträgen umgingen. Als Mies van der Rohe und Gropius Deutschland verließen, hatten sie in einem Vierteljahrhundert weniger gebaut als ihre Nachkommen in einem einzigen Jahr.

Das andere, die Stadtfeindlichkeit der sozialistischen Utopien, sah sich angesichts der Trümmerlandschaft des Bombenkrieges zugleich gerechtfertigt und überholt. Corbusier wollte noch ganz Paris abreißen, um an die Stelle der alten Quartiere Punkthäuser in einer Parklandschaft zu setzen; seine Visionen wurden auch in jenem schlangenartigen Betongebilde greifbar, mit dem er die Küste Nordafrikas säumen wollte.

Von Italien bis nach Rußland sind die Handbücher der zwanziger Jahre voller Utopien, das steinerne Meer niederzureißen, um den Moloch Stadt, Ort der Unterdrükkung und Ausbeutung, durch heitere Gefilde egalitären Menschenglücks zu ersetzen. Nun wurden plötzlich aus poetischen Idealen planerische Ideologien, und benommen betrachtet eine wiederum neue Generation das Werk ihrer Väter und drängt in die Welt der Hinterhöfe zurück.

Die Hoffnungen einer Generation, die so begabt war wie jede andere, sind an dem zuschanden geworden, was sie so lange als unvergleichlichen Glücksfall ansah: der vollkommenen Freiheit, die das Chaos hinterlassen hatte. Immer hatte man sich anbequemen müssen – Schinkel dem barocken Stadtgrundriß, Loos der imperialen Platzgebärde, Taut der wilhelminischen Mietskasernen-Welt. Nun endlich waren alle Barrieren hinweggeräumt, die der historischen Struktur, die des ökonomischen Bauherrenzwangs, die der ästhetischen Tradition. Draußen baute man ja ohnehin auf den Wiesen vor den Toren der Stadt, drinnen applanierte man, was an Resten des Einst übriggeblieben war.

In Scharouns Groß-Berlin-Plan von 1946, ausgestellt noch im alten Stadtschloß Unter den Linden, ist Berlin als Gesamtstadt aufgelöst, um aus einzelnen Vierteln, die durch Grüngürtel getrennt sind, eine Wohnlandschaft zu gewinnen: Die Stadt schafft sich ab. Zehn Jahre später, als in der spätbürgerlichen Adenauer-Ära, die nach dem melancholischen Wort von Hans-Peter Schwarz in mancherlei Hinsicht im Abendglanz des neunzehnten Jahrhunderts lag, zum letzten Mal ein »Hauptstadt-Wettbewerb Berlin« ausgeschrieben wurde, wird der Zukunftstraum zum totalen Schrecken: bei Corbusier anstelle der abgetragenen Stadt ein System von sechziggeschossigen »Großwohnanlagen«, bei den Smithsons kilometerlange lindwurmartige »Fußgänger-Hochstege«, an deren »Plattformen« sich Hochhäuser drängen, bei Scharoun »Zentren« für Wirtschaftseinrichtungen, Kultureinrichtungen und Regierungseinrichtungen, dazwischen überall »Verbinder«, »Erschließer«, »Verteiler«. Die Stadt als Stadt mit Straßen, Plätzen und geschlossenen Quartieren gibt es nicht mehr. Was gewollt wurde, läßt sich an den beiden Komplexen ablesen, die Scharoun als einzige realisieren konnte: Kulturzentrum und Charlottenburg Nord. Der Rest blieb der Stadt erspart.

Nie ist seit den Idealstädten der Renaissance und des Klassizismus so über alle Zwänge hinweg aus der Vision gebaut worden. Am Mangel an Freiheit lag es nicht, wenn es mißlungen sein sollte.

Ein Vierteljahrhundert später ist die Empfindung des Fehlschlags allgemein, und die Desillusionierung wächst mit dem Maße der Sensibilität. So wundert es nicht, daß es die Ahnherren des Neuen Bauens sind, bei denen die Selbstzweifel im Alter am greifbarsten werden. Mies van der Rohe, vor seiner Neuen Nationalgalerie stehend, wünschte sie sich als Kontrapunkt zum Charlottenburger Schloß in die alten Wohnquartiere des bürgerlichen Zeitalters. Das war nicht nur seine amüsierte Fremdheit angesichts der expressionistischen Gebärden Scharouns; er wußte, daß die Kraft der reinen Linie als Gegenpart die Vielfalt der Historie brauchte, wie ja auch das Centre Pompidou vom Gegenüber des Marais lebt.

Scharoun selbst aber, über Jahrzehnte hinweg ein Verfechter der offenen Platzräume als Entsprechung offener Gesellschaften, zeichnet am Ende für den Belle-Alliance-Platz eine geschlossene Randbebauung, die sich eher an barocken Platzräumen orientiert als an solchen aus dem Lehrbuch der neuen Theorie. Für die ästhetische Mediokrität des Gebauten ist er so wenig haftbar zu machen wie Gropius für die Banalität der Gropiusstadt, die dieser als Hommage an die Britzer Hufeisen-Siedlung konzipiert hatte, mit geschlungenen Wohnstraßen, einem System von Rundplätzen und Gartenhöfen. Beide Male waren es die ausführenden Bauhaus-Enkel, die alles verdarben.

Noch im gewissenhaften Selbstzweifel waren die achtzigjährigen Urväter empfindlicher gewesen als ihre entlaufenen Schüler – wenn sie auch nicht so weit gegangen sind wie der Abgott der Nachkriegsgeneration Philip Johnson, der den Internationalen Stil, wie er sich seit dem Kriege über die Welt ausgebreitet hat, am Ende für eine Tragödie erklärt, die nicht nur den Häusern ihre Emotionalität, sondern zugleich auch den Städten ihre Individualität genommen habe.

Das muß man im Auge behalten, wenn man über das Scheitern so vieler Hoffnungen und auch Leidenschaften nachsinnt. Es war nicht die Enge der Verhältnisse, die die Träume zuschanden werden ließ; es war vielmehr die vollkommene Freiheit, der das Fühlen und Denken der aus der Gewaltherrschaft Auftauchenden nicht gewachsen war. Früher hatte ja immer den Zukunftsentwürfen neuer, heiterer Städte die stumpfe Wirklichkeit entgegengestanden: der verlangende Griff in das Morgen hatte sich mit dem Flicken der ausgefransten Stadtränder, dem Siedlungsbau zwischen Zehlendorf, Britz und Reinikendorf zufriedengeben müssen, den Inkunabeln der sozialen Demokratie zwischen den Welt-Katastrophen. Wie ausgreifend waren die Gedankenmodelle Luckhardts und Mays, Tauts und Hilberseimers gewesen, von den realen Phantasien der italienischen Futuristen und der russischen Konstruktivisten ganz zu schweigen; und wie armselig, was sie in der knappen Spanne von 1920 bis 1930 zustande gebracht hatten.

Nach den europäischen Zerstörungen durfte man nicht, nun mußte man planen und bauen, ausschweifender als je eine Generation zuvor. Es zeigte sich, daß die Vision nur im Formalen und Punktuellen, nicht im Gedanklichen und Gesellschaftlichen hinreichte; man pilgerte zur Cité radieuse nach Marseille und zu Mendelsohn nach Luckenwalde, zu Oud nach Rotterdam und zu Golossows Arbeiterclub nach Moskau, zu den großen Stilgebärden; aber man hatte keinen geistigen und sozialen Entwurf von Stadt, der über Bauhaus-Manifeste und die Charta von Athen hinausging. Dies ist aber nicht das Debakel einzelner Architekten, sondern das Desaster einer Generation. Wenn das Werk eines jeden Künstlers in gleichem Maße von seinem Urheber und von seiner Epoche zeugt, so ließe sich sagen, daß im Gang der Jahrzehnte diese in immer höherem Maße über jenen triumphiert hat: Das aus der geistigen und formalen Bescheidenheit der zwanziger Jahre kommende erste Nachkriegsjahrzehnt wird überwältigt von einem Zeitgeist, der nach Großstrukturen verlangt, als ob die vorausgegangene Epoche derer nicht genug gehabt hätte.

Nostalgisch betrachtet man die Arbeiten der ersten anderthalb Jahrzehnte. Wenn irgendwo im Bauen der Nachkriegszeit an die Ideale des Bauhauses angeknüpft wurde, so in jenen Einfamilienhäusern, die damals in Köln wie in München und Berlin entstanden, und in den

Ausstellungs-Pavillons, mit denen das neue Deutschland vor das Ausland trat. In diesen späten fünfziger Jahren schien sich eine Baukultur anzukündigen, die nun wirklich dort anknüpfte, wo fünfundzwanzig Jahre zuvor alles abgebrochen worden war – ein Bauen des Maßes, der leisen Töne und jener Eleganz des Details, die im Wohnungsbau bei Mendelsohn und Salvisberg auf ihren Höhepunkt gekommen war. Dann muß es irgendwann über diese Generation gekommen sein, und, da sie Macht eroberte und verteidigte, sinken mit ihr auch die zwanziger Jahre endgültig in die Vergangenheit.

Das Hansaviertel markiert in vielerlei Hinsicht den Wendepunkt, und in der Auseinandersetzung zwischen Martin Wagner, Berlins Stadtbaumeister der zwanziger Jahre, und seinen Nachfolgern in der Stadtplanung ist der Bruch mit Händen zu greifen.

Wagner, dem Berlin die Weiße Stadt, Britz und Onkel Tom verdankt, war fassungslos, als er die Konzepte für die Interbau sah, das elitäre Konglomerat einen Steinwurf weit vom Ort der Katastrophe. Die Kombination von luxuriösen Stadtvillen und aufgereihten Punkthäusern war ihm aus politischen, finanziellen und sozialen Gründen gleicherweise ein Irrweg, der entscheidende Bruch mit seiner Ära, die er immer als eine moralische begriffen hatte.

Tatsächlich sollte sie so wenig wiederkehren wie deren Protagonisten, die in der Emigration vergebens auf den Ruf zur Rückkehr warteten. Mays Römerstadt und

Scharouns Breslauer Werkbundsiedlung waren nicht mehr die Leitbilder für Deutschlands Architekten und Stadtplaner, nicht einmal für May und Scharoun selbst. Dieser stellte unmittelbar neben seine Siemensstadt das Sammelsurium von Charlottenburg Nord, jener setzte seine Römerstadt mit dem Hochhaus-Chaos von Kranichstein fort.

Die Alten wie die Jungen schauten jetzt auf die Massierung im Herzen oder am Rande der europäischen Städte: Rotterdams Lijnbaan, Roms Tusculano, Sheffields Park Hill oder Stockholms Vällingby. Wenige Jahre später legten junge Architekten der Nachkriegsgeneration die ersten Skizzen für das Märkische Viertel vor. Nie sollte der Siedlungsbau der zwanziger Jahre wiederkehren, in dem die geistige und politische Leidenschaft des Staates von Weimar Stein geworden war. Vermächtnis einer Republik, die aus der Not ihre größte Tugend gezogen hatte.

Am Himmel der neuen Generation leuchteten längst andere Sterne. Übermächtig schob sich vor den Horizont das plastische Genie Corbusiers, längst waren ihnen allen die englischen Erfahrungen dazwischengekommen, der New Brutalism aus dem Umkreis von Peter und Allison Smithson, schließlich die Sinnlichkeit und die Kraft von Louis Kahn. Spiegelten nicht die Reminiszenzen an Taut und Luckhardt demgegenüber ein kleinbürgerliches Behagen im Winkel, Reihenhaus-Garten und Balkon-Wettbewerb? Es war genierlich geworden, an die Werkbund-Siedlungen von Weimar zu denken, wo man doch so ausgreifende Entwürfe ganzer Städte hatte. Onkel Tom und Britz hatten demgegenüber Kleineleute-Geruch.

Das Scheitern, nicht das eigene, sondern das der epochemachenden Visionäre, kam unverhofft: gerade die Götter hatten gefehlt. Corbusiers Pandschab Hauptstadt Chandigarh ein Desaster, Kahns pakistanische Kapitale Dacca ein irreparabler Fehlschlag, immer neue Umplanungs-Wettbewerbe für die New Towns zwischen Schottland und der Provence. Die Architekturgeschichte hat selten so viel Leidenschaft, ein ähnliches Maß an Zukunftswillen, und so viele Fehlschläge gesehen. Wenn die Architekten eine Erfahrung gemacht haben, so die Thomas Wolfes, daß die Welt von unvorhergesehener Vielfalt ist, verschlungen, verwirrt, schmutzig und schmerzlich.

Inzwischen ist der Rückschlag gegen den gedanklichen Impetus des Bauhauses so allgemein, und er geht so tief, daß die Moderne nun auch da kaum noch zum Zuge kommt, wo sie auf der Höhe ihrer Möglichkeiten ist und jenes Recht für sich hat, das ihren Aufbruch einst legitimierte. Dies meinte der Satz, daß das Neue Bauen an einen Punkt gekommen sei, wo man es gegen sich selbst verteidigen müsse. Der Übergang zu Rundbögen und Quadratfenstern, wie ihn die Postmoderne vollzieht, darf nicht das letzte Wort der Moderne sein.

Alles ernsthafte Nachdenken über dergleichen Dinge läuft auf die Frage hinaus, ob der einzelne über seine Epoche siegen kann. Wie weit geht das Vermögen des

Individuums, sich über die Ungunst der Verhältnisse zu erheben? Läßt sich ein Land über seinem Niveau regieren, stimmt es wirklich, daß man mit der Zunge in den Staub der Zelle malen kann?

Die Epoche des zweiten Dreißigjährigen Krieges, die Zeit der Weltkriege und Weltbürgerkriege, war ein einziger Ausbruch an Genie – Einstein und Freud, Picasso und Proust, Schönberg und Thomas Mann, Beckmann und Benn; auch Gropius und Mies van der Rohe. Am Ausgang der Konvulsionen liegt sie wie ausgebrannt da, alle Ideen gedacht, alle Experimente gemacht, alle Finsternisse durchschritten. Blieb nur noch das Maßlose, in jederlei Betracht?

Sicher ist, daß man seinem Schicksal, das Zeitgenossenschaft heißt, nicht entlaufen kann. Hat man an den Erhebungen seiner Generation teil, kann man auch ihren Beschädigungen nicht entgehen.

Dies ist ein Jahrhundert der Täuschungen und Selbsttäuschungen, Irrwege ohne Zahl und verhängnisvoll fast alle. An seinem Ende stellt sich heraus, daß die Bilder heiteren und befreiten Zusammenlebens, die an seinem Anfang standen, selbst im Medium der architektonischen Utopien trogen.

Am Ende der Utopie

Die Abkehr vom eben noch Geltenden wird zumeist als Verlust, mitunter als Verrat empfunden. Solche Erfahrungen machte schon die Epoche, in der mit Ghiberti und Brunelleschi der süße Stil der Gotik eine Sache von Gestern wurde und die Renaissance heraufzog. Drei Jahrhunderte später sah die Verfeinerung der Dixhuitième, die im Directoire weiter ins Sublime getrieben worden war, ihr Raffinement in der Vulgarität des Napoleonischen Empire preisgegeben. Noch einmal ein Jahrhundert, und es war wieder soweit; die Baumeister des Bismarck-Reiches schauten nicht nur aus Mißgunst unwillig auf Messel, Muthesius und Behrens, die an der Tête des Wilhelminischen Modernismus ritten. Das Kaufhaus Wertheim des einen und die Petersburger Botschaft des anderen schienen den Abtretenden alle Traditionen und Maße zu sprengen, beides Fremdkörper im Gesicht der beiden Residenzstädte.

Es war in jedem Fall die Lebensleistung einer Generation, die dem Heraufziehen geopfert wurde, und da sie oben gewesen war, muß sie also wohl auch das Wollen und vielleicht sogar das Träumen ihrer Zeit formuliert haben.

Man muß sich angewöhnen, auch Klimawechsel dieser Tage unter dem Bild der Zäsur zu sehen; es sind nicht Rückschläge, die der Elan der Nachkriegszeit erleidet; er ist an sein Ende gekommen. Tatsächlich ist das Bewußtsein des Endes einer Ära überall greifbar, was sich nicht nur in dem Konzipieren von Politik, sondern auch in dem von Geschichte zeigt. Wie diese zum Gegenstand ihres Forschens macht, was gestern noch Gegenwart war, und die zurückliegende Epoche der europäischen Gewaltherrschaften aus dem Bereich der Zeitgeschichte in den der Geschichte getreten ist, so sinnt die Politik auf neue Konstellationen, die an die Stelle der alten Ordnungen treten können.

Ein Abschnitt ist zu Ende gegangen, und man kann nicht einmal sagen, daß er besonders flüchtig gewesen sei. Vierzig Jahre entsprechen in der Geschichte der Spanne zwischen der Schlacht von Leuthen und dem Bastille-Sturm, und in der Architektur stehen sie für den Abstand zwischen Wallots Reichstag und dem Bauhaus von Gropius. Eher läßt sich sagen, daß die Gegenwart in jedem Betracht besonders lange vorgehalten hat. Selten hat es Alliancen gegeben, die wie jene dauerten, die sich nach dem Zerfall der Kriegs-Koalition bildeten; die von Versailles waren schon nach der Hälfte dahin.

Allerdings: Eine so kurzfristige Veranstaltung, wie es das Dritte Reich gewesen ist, das eine Jahrhunderte alte Ordnung zum Einsturz brachte, hat es noch nicht gegeben. Dieses monströse Reich hatte für seinen gebauten Selbstausdruck bei Lichte besehen ja kaum fünf Jahre

Zeit, dann fuhr es im Schwefelgeruch schon ab. Staunenswert bleibt, in welchem Maße seine bauliche Hinterlassenschaft dennoch Zeugnis von seinem unbeholfenen Willen zur Klassizität ablegt. Was nach dem Untergang einer Herrschaft kam, die auf beinahe jedem Felde aus der Verweigerung der Modernität lebte, hat sich wider alles Herkommen lange behauptet. Die Doktrin, die, Anfang der zwanziger Jahre gedacht, 1933 in der Charta von Athen kanonisiert und nach den Zerstörungen des Krieges gebaut wurde, tritt eben jetzt, sechzig Jahre später, ab.

Das hat es noch nicht gegeben, Knobelsdorff regiert, während Gilly schon zeichnet. Wie weit ist davon die Rücksichtslosigkeit, mit der Mies van der Rohe und Gropius sich Platz schufen und das Werk Grisebachs und Ihnes beiseite schoben.

Wenn nun, vier Jahrzehnte nach dem Krieg, sang- und klanglos von der Bühne tritt, was so lange vom Pathos des Zeitgeistes getragen wurde, so ist das der Lauf der Welt. Die Resignation und die Melancholie der Abtretenden machen nur eines offenbar: daß sie so unhistorisch dachten wie sie bauten und daß sie allen Ernstes glaubten, an einen Stil gekommen zu sein, zu enden alle Stile. Und wirklich ist es dies, was die Moderne von allem Vorausgegangenen unterscheidet.

Klenze hatte so wenig wie Stüler geglaubt, für alle Zukunft die Ordnung des Bauens bestimmt zu haben; sie sahen sich im Strom der Geschichte, und es schwächte sie fast, daß sie ein so historisches Selbstgefühl hatten. Die Lehrbücher der Avantgarde von 1920 aber sind voller Zeugnisse des Bewußtseins, jene Baugeschichte hinter sich gelassen zu haben, die vom Wechsel und von der Abfolge bestimmt ist. Aus jedem Satz der inzwischen gespenstisch gewordenen Manifeste von damals spricht das Bewußtsein, einen endgültigen Ausweg aus dem als Chaos empfundenen Gang der europäischen Stadtgeschichte gefunden zu haben. Die Stilgeschichte ist zu Ende, die Zivilisationsgeschichte beginnt.

»Meine Häuser«, sagte Le Corbusier in Berlin bei der Auseinandersetzung über die Maße seiner Wohnungen, »sind nicht für diese Gegenwart und nicht für diese Stadt entworfen. Sie sind gleich geeignet für Eskimos und Sizilianer, und sie werden im nächsten Jahrhundert so gültig sein wie in diesem.« Wer in solchem Maße von dem Definitiven des eigenen Tuns überzeugt ist, muß durch die Erfahrung von dessen Vergänglichkeit in der Tat getroffen sein. Die Geschichte ist über die Utopie gekommen.

Tatsächlich hat die Geschichte wieder von dem alten Europa Besitz ergriffen, und das in jedem Betracht. Die Herrschaft der Theorie, die die Historie abgesetzt hatte, ist zerbrochen; daß es mit der architektonischen Rückbesinnung nichts Zufälliges hat, gibt sich ja auch darin zu erkennen, daß ihr die historische und sogar die politische Erinnerung entspricht.

Lange hat auch die Politik in theoretischen Kategorien, nämlich in strategischen Alliancen gedacht; so waren ihr Prag, Budapest und Warschau vorzugsweise Plätze des anderen, des osteuropäischen Blocks. Nun wächst ihr die historische Dimension zu, plötzlich steigt ins Gedächtnis, daß der Raum zwischen Moldau, Donau und Weichsel europäisches Herzland ist, von Karl VI. und dem Heiligen Stephan bis zu König Sobieski.

Die Europäisierung Europas, der heute die besten Köpfe nachdenken, will die Wiedergewinnung der Geschichte als eines Elementes politischen Handelns. Dies ist der Horizont, vor dem auch das gesehen werden muß, was man ein wenig überstürzt das Hochkommen der deutschen Frage nennt. Das Gedächtnis der Völker ist tief und reicht weit zurück. Die nationalen Renaissancen, die alle europäische Geschichte markieren, sind nur eine Form des Aufbrechens verschütteter Erinnerungen.

In Deutschland spricht sich nur besonders zurückhaltend aus, was den irischen, katalanischen oder baskischen Bereich so viel härter prägt. Die globale Weltzivilisation, die Singapur, Bagdad und Helsinki einander anglich und auch zu einer regional ununterscheidbaren Architektursprache geführt hatte, ist brüchig geworden, und überall kommen die alten Strukuren zum Vorschein.

Es ist dieser Untergang der antihistorischen Epoche, der auch hinter jenen Bewegungen steht, die den Städtebau der Gegenwart erfaßt haben: Ein Wiedereintauchen in Geschichte, das binnen kurzem auch wieder alte Bild- und Erzählfigurationen heraufführen wird. Die Legitimität des architektonischen Umbruchs, der sich vor unseren Augen vollzieht, beweist sich nicht in der erinnernden Heraufrufung von Stilelementen der Baugeschichte, obwohl der Beobachtende mit heiterer Rührung die Wiederkehr von Säule und Rundbogen, Erker und Balustrade sieht. Das sind, aufs Ganze gesehen, Accessoires, mit denen man so linkisch umgeht wie die Jungen Wilden mit den Zutaten expressionistischer Gestik. Es ist die Wiederkehr des Maßes, die stattfindet, und zwar des einzigen Maßes, das wirklich zeitenthoben ist – das des Menschen.

Die Moderne war ja nicht revolutionär gewesen, weil sie dem Ornament den Kampf angesagt hatte. Das glaubte nur Franz Joseph und mit ihm das Wiener Bürgertum, das konsterniert Fischer von Erlachs Flügel der Hofburg mit den gewalttätigen Proportionen von Adolf Loos konfrontiert sah.

Die Zeitgenossen empfanden das Gegenüber als Beleidigungs-Architektur, und die Rücksichtslosigkeit der Herausforderung ist es ja auch, was seit dem Untergang der alten Welt den Umgang mit dem Erbe kennzeichnet. Schinkel ist auch darin der Ahnherr der Moderne, daß er vom Friedrichs-Denkmal bis zum Palais Redern den Solitär will, der quer zur Umgebung steht. Die beiden Könige, die Münchens Gesicht geprägt haben, hatten stets das Gegenteil gewollt; der Renaissancismus der Ludwigstraße und der Gotizismus der Maximilianstraße stellten die Einheitlichkeit der Anlage über die Vorbildlichkeit des Einzelwerks.

Mit der Moderne beginnt dennoch etwas anderes. Es ist aus dem Auge gekommen, was über allem Wechsel immer konstant geblieben war und die Unterschiede zwischen dem kaiserlichen Rom und dem habsburgischen

Wien auf ein Nichts zusammenschrumpfen ließ – die condition humaine, die auch darin besteht, daß die menschliche Stimme dreißig Schritte weit trägt und das menschliche Auge ein Gesicht über eine Strecke von sechzig Metern zu erkennen vermag.

Das ist es ja, was der ersten Begegnung mit Pompeji die Stimmung des Wiedererkennens gibt und weshalb man vor dem freigelegten Straßensystem von Sybaris ganz ohne Überraschung steht. Fast jeder Besucher hat vor den ausgegrabenen Städten noch die Empfindung gehabt, hier morgen einziehen zu können. Das Staunen gilt der Entdeckung, daß Mohenjo Daro und Haithabu einander fast gleichen.

So gering also war der Schritt vom vierten vorchristlichen Jahrtausend Indiens zum neunten nachchristlichen Jahrhundert Europas. Die Breite der Straße wird von dem Maß des Fuhrwerks bestimmt, und die Gasse unterscheidet sich vor allem darin von der Straße, daß sich hier mehrere Gefährte begegnen können. Ob sie von Auerochsen, Pferden oder Maschinen gezogen werden, gehört in die Transport- und nicht in die Stadtgeschichte.

Die Häuserfronten aber waren stets gleich hoch gewesen, meist zwei- bis drei-, mitunter vier- bis sechsgeschossig – im Alexandrien der Ptolemäer, im Palermo der Bourbonen und im London der Queen Victoria. Es hätte Hadrian nicht sonderlich wundergenommen, durch das Paris Napoleons zu gehen; höchstens wäre ihm manches vergleichsweise gering erschienen.

Der Bruch, den die Visionen der Moderne brachten, war auch in dieser Hinsicht wirklich ein Bruch und kein

Einschnitt. Wo man früher über die vertrauten Größenverhältnisse hinausgegangen war, also in der englischen Avenue oder im französischen Boulevard, hatte man nur die Maße jener Anlagen aufgenommen, die dem Saum der Küsten gefolgt oder auf den Tempelbezirk zugelaufen waren. Jeder Besuch in den Trümmerstätten Ägyptens oder des Zweistromlandes zeigt, wie wenig die Anlagen des 19. Jahrhunderts aus der Ordnung der alten Welt gefallen waren. Mit der Imagination von Städten aber, deren durcheinanderlaufende Stränge dem Röhrengewirr von Hydrierwerken gleichen, ist nicht die bürgerliche Stadt, der so lange die Abneigung galt, an ihr Ende gekommen, sondern das, was die Geschichte als Stadt kennt.

Die Leidenschaft für das Noch-nie-Dagewesene gibt der Epoche zwischen den Kriegen eine unvergleichliche Aufbruchstimmung. Der Mensch, den die russische Revolution ja auch als Ingenieur der Seele versteht, macht sich daran, sich selbst und seine Welt neu zu konzipieren. Welcher Weg von den erinnerungsschweren Gebärden Hofmannsthals, der ganz vergessener Völker Müdigkeiten nicht abtun kann von seinen Lidern, zu diesem Sich-selber-Hinüberwerfen in ein anderes Weltäon. Es ist der Weg von der geschichtsgesättigten Trauer der sterbenden Reiche des alten Europa zu den Labors, als die man jetzt die Städte begreift – Heinrich Manns optimistische Menschen-Werkstätten, von denen nun auch nichts geblieben ist als der Wind, der durch sie hindurchging und allen Optimismus davonblies.

Die Hoffnung ist eine linke Kategorie, und die Skepsis ist konservativ. Das ist noch die verläßlichste Unterscheidung der beiden Gruppierungen, deren Wechsel die Geschichte und die Einschnitte bestimmt. Das Nach-vorne-Treten des Konservativen signalisiert deshalb in aller Geschichte, daß die Zuversicht geschwunden ist und daß man sich seiner Sache nicht mehr sicher weiß. Das gilt für die Epoche nach dem Wiener Kongreß wie für die, deren Einsatz die Prophezeiungen des Club of Rome markieren. Die großen Entwürfe verblassen in solcher Lage, und Zeiten der Unsicherheit, der Vorsicht, des Mißtrauens ziehen herauf; dann werden die Robespierres durch die Metternichs abgelöst.

Die futuristischen Phantasmagorien treten nicht ab, weil die Reaktionäre das Steuer in die Hand genommen haben. Es verhält sich nahezu umgekehrt: die Zukunfts-Räusche sind schal geworden, und was eben noch Verheißung war, hat plötzlich apokalyptische Züge angenommen. Würden die Wahlurnen es nicht zeigen, die Architektentische demonstrierten es: Die Vision ist der Zeit abhanden gekommen; was gestern verlockte, erschreckt heute. Das Bauen kodifiziert nicht nur Herrschaftsverhältnisse; es dokumentiert auch die Beziehung, die ein Geschlecht zur Kategorie der Zukunft besitzt, und insofern stellen die Wiederherstellung der alten Stadtgrenzen und die Rückkehr zu alten Stadtteilen dem sozialistischen Elan eine schlechte Prognose.

Der Konservatismus, der über Europa liegt, signalisiert ein neues Weltverhältnis, dessen Chiffre die historische Erinnerung ist. Dies gilt in jedem Betracht, von der Entwicklung des Kunstmarkts bis zu den Spielplänen der Avantgarde-Bühnen, die sich ja überall vorzugsweise mit Kleist, Ibsen, Tschechow und Gorki befassen.

Wie sehr dies alles die Politik transzendiert, zeigt der Umstand, daß der Widerspruch gegen die verblassenden Schemen von gestern am deutlichsten nicht in der Rückkehr der Rechten greifbar wird, sondern in dem Aufzug der Grünen. Es ist die botanische Vokabel, die gegen die gesellschaftliche antritt.

Der Geruch von Angst haftet plötzlich allem Neuen an, das gestern noch so bezauberte. Zum ersten Mal betreten Rebellen nicht unter den Zeichen der Teilhabe, sondern unter dem der Verweigerung die Bühne. Nicht die Schaffung des unerhört Neuartigen mobilisiert ihre Dynamik, sondern die Bewahrung des Uralten und Zeitlosen – der gewundene Bach, der winklige Marktplatz, der undurchdringliche Wald.

Was tut es zur Sache, daß die reine Linie von Mies van der Rohe und die vollkommene Skulptur von Le Corbusier unvergleichliche Schönheiten sind? Es ist die Stimmung einer Epoche und nicht die Ästhetik, die über das Lebensrecht einer Sache entscheidet. Der Schlachtruf dieser Epoche aber lautet mit dem Titel eines sonst mäßig scharfsinnigen Buches: »From Bauhaus to our house«, und Legionen von Alternativen und Bürgern stimmen in ihn ein; sie sind gar nicht mehr zu unterscheiden.

Natur und Geschichte haben die Utopie eingeholt und sind eben jetzt dabei, selber Utopie zu werden. Denn die Herstellung von Häusern, die Wald, von Boulevards, die Blumenbeete, und von Straßen, die Spielplatz sein wollen, ist gegen den Geist der Moderne wie gegen den der Historie.

Der lange Weg in die Häßlichkeit

Die Flohmärkte zählen zu den großen Erkenntnisstätten unserer Städte. An dem Sammelsurium, das hier gesucht und gefunden wird, läßt sich ablesen, mit welchen Empfindungen von Verlust die Enkel des Bauhauses den Rechnungsbetrag für den Fortschritt zahlen. Noch der armseligste Zierat muß herhalten, die Gehäuse einer ihrer selbst überdrüssigen Moderne mit Vertraulichkeit aufzufüllen.

Der Trödel, der nach den Teakkombinationen der fünfziger, den Drahtgestellen der sechziger und den Kunststoffschalen der siebziger in die Wohnungen der achtziger Jahre einzieht – und der vom Sperrmüll ebenso bezogen wird wie aus den Geschenkboutiquen –, macht offenbar, daß eine Epoche an ihr Ende gekommen ist. Dies hätte schon jene postmoderne Architektur lehren sollen, die zurück zu Rundbogen, Säule und Gesims drängt, und zwar nicht nur in der zeichnerischen Anstrengung amerikanischer Westküsten-Architekten, sondern auch im greisenhaften Selbstwiderruf der alten Avantgarde – Philip Johnsons Hochhäuser mit Abnähern und die maurischen Spannbeton-Spitzbögen der

Bagdad-Planung von Gropius. Ein Elan ist nicht durch einen anderen abgelöst worden; er hat sich selber den Rücken gekehrt.

Diese hilflose Verweigerungsgeste, die sich in der fabrikweisen Herstellung von biedermeierlichen Petroleumlampen ebenso spiegelt wie an den Wagenrädern vor den Türen von Landhäusern, macht das dumpfe Schönheitsverlangen deutlich, das durch alle Generationen geht und sich in den Einrichtungshäusern und Antikshops nur auf verschiedenem ökonomischem Niveau spiegelt. Die Müdigkeit am Neuen zählt zu den Erkennungszeichen der Epoche, und hier wie in so vielem sind sich Väter und Söhne ganz nahe, wie sich denn überhaupt sagen ließe, daß selten eine Zeitstimmung so alle Altersgruppen und Sozialschichten vereinigt hat.

Das Gefühl des Unwohlseins, das sich in den Fluchtbewegungen unserer Tage zur Geltung bringt, kommt am Ende eines Jahrhunderts, das wie kaum ein anderes von ästhetischer Anstrengung geprägt ist. Was mit dem Ventilator von Peter Behrens anfing und nach dem zweiten Kriege mit den Braunschen Küchengeräten wiederaufgenommen wurde, war eine formale Leidenschaft, die die Requisiten des Lebens zu Inkunabeln machte; aber die Alltagswelt verkam.

Der Widerspruch zwischen dem Raffinement des Herausgehobenen und der Banalität des Normalen ist noch nie so in die Augen springend gewesen wie heute. Schinkels Bauwille hatte ja nicht nur das Alte Museum und die Neue Wache geprägt, sondern ganze Stadtquartiere; von der Neuen Nationalgalerie Mies van der Rohes aber führt kein Weg zu den amorphen Stadtrandsiedlungen, die vom Impetus des Aufbruchs nur den Apparatekomfort bewahrt haben. Borominis Kirche und Berninis Brunnen stehen auf der Piazza Navona in so gemäßer Umgebung wie die Hofburg inmitten der Stadtpalais des theresianischen Zeitalters; Scharouns Philharmonie aber hätte nur dann eine Chance gehabt, glanzvoller Mittelpunkt der Stadt zu werden, wenn sie in die alten wilhelminischen Stadtviertel gerückt worden wäre – wie ja auch das Centre Pompidou von den Quartieren des siebzehnten Jahrhunderts umgeben ist. Die Nachbarschaft nicht des Gestrigen, sondern des Heutigen hat sie in städtebaulicher Hinsicht ruiniert, und so ist denn jenes gestaltlose Kulturzentrum um die Solitäre von Mies van der Rohe, Gropius und Scharoun der augenfälligste Beleg, daß die Epoche der Ensemble-Bildung nicht mehr fähig ist.

Dies und nicht der Mangel an Qualität ist es, was die neuen Anlagen, in denen der Staat sich festlich gibt, vom Forum Fridericianum und von Münchens Königsplatz unterscheidet. Der Schönheitsverlust, der so deutlich empfunden wird, kommt nicht aus einem Defizit an Genie, sondern an Geschmack: die Zeit weiß noch, wie das Besondere, nicht aber mehr, wie das Selbstverständliche auszusehen hat.

Tatsächlich zählt zu den ins Auge fallenden Erscheinungen jener Epoche, die nach der Französischen Revolution kam, die fortschreitende Unsicherheit in allem Geschmacklichen. Dies gilt für alle Bereiche, von der Selbstdarstellung des Staates, der – wie jeder Blick auf den viktorianischen oder wilhelminischen Hofstil lehrt – seit der Mitte des neunzehnten Jahrhunderts mit sich nicht ins reine kommen kann, bis zum Lebens- und Wohngefühl des Bürgers, der in denselben Jahrzehnten anfängt, seine heiteren Biedermeier-Wohnungen mit Vertikos und Buffets zuzustellen.

Besonders auffällig ist diese Kunsteinbuße im Falle der Hersteller von Kunst. Jahrhunderte hindurch hatte der Künstler sich eine Arbeits- und Wohnwelt geschaffen, die den Anspruch seines Werkes auf sehr exakte Weise spiegelte. Das galt nicht nur für die Künstler-Interieurs der Renaissance oder des Barock; noch an den Arbeitsstuben von Schiller oder Humboldt war der Zuschnitt ihres Werkes abzulesen gewesen. Nun plötzlich sind Nietzsche, Fontane und Thomas Mann von Mobiliar umgeben, dessen ästhetische Banalität ihre formale Kunstanstrengung dementiert. Die Erfindungen der Tiefenpsychologie, Zwölftonmusik und Relativitätstheorie finden in Zimmern statt, die sich nur im Zuschnitt von der Portierenwelt Wilhelms II. unterscheiden.

Diese geschmackliche Verarmung, die geradezu das Signum der Moderne ist, wurde mitunter gesehen, kaum je aber ausreichend interpretiert. Die landläufige Auskunft weist auf die Maschinenwelt, die an die Stelle der alten Werkstattarbeit getreten ist, und tatsächlich beginnt ja in den ersten Jahrzehnten des neunzehnten Jahrhunderts jene serienweise Produktion von Gebrauchsgütern, die in sich beschleunigendem Maße die alte Handwerkskultur auslöscht. Aber dies erklärt nicht, weshalb der strenge Biedermeiertisch um 1840 gedrechselte Beine und Löwenfüße erhält und die klare Lehne des Stuhls mit Schnitzwerk versehen wird, welches das Sitzen unbequem macht.

Die ästhetischen Folgen frühindustrieller Produktionsprozesse halten sich während der ersten Jahrzehnte in engen Grenzen und bringen nicht selten eine geschmackliche Verfeinerung mit sich. Nie sind die Intarsien auf den Möbeln des Dixhuitième so raffiniert gewesen wie in jenen Möbelmanufakturen, in denen man zur spezialisierenden Arbeitsteilung zwischen Schreinern, Schnitzern, Spiegelmachern und Vergoldern übergegangen war. Der Schmuck aus Eisen aber wird in Berlin und Schlesien in regelrechten Fabriken hergestellt, in denen Scharen von Gesellen die Formen ausgießen, die von den ersten Künstlern der Epoche, von Schadow bis Schinkel, gezeichnet worden waren.

Die Fabrikwelt war der Anhebung des Niveaus fähig, wie auch die Eisenkonstruktionen zeigen, die als gläserne Gewächshäuser an die Stelle oft plumper Orangerien treten; gegossene Brückengeländer mit Akanthus- und Palmettenmotiven geben der Überspannung von Teichen und Bächen eine Grazie, von der die alten hölzernen oder steinernen Stege nichts wissen.

Anderes muß im Spiel sein. Weshalb sinkt der Geschmack auch da ab, wo die Herstellungsweise unverändert bleibt? Wie kommt es, daß der Dorfschreiner um 1860 mit den Proportionen eines gegliederten Fensters nicht mehr umgehen kann, und weshalb weiß um 1870 kein ländlicher Maurer mehr, wie Tore, Türen und Fenster über eine Fläche zu verteilen sind? Noch zehn Jahre weiter, und der städtische Baumeister hat jedes Gefühl für das Volumen von Gesimsen und die Proportionen von Dachgauben verloren. Fällt der Blick auf ein nobles Haus in den Straßen des späten neunzehnten Jahrhunderts, so lehrt die Eintragung im Grundbuch zumeist, daß es ein siebzigjähriger Baumeister zeichnete, der noch aus der Architekturwelt vom Anfang der Epoche kommt.

Die traditionellen Hersteller von Serienware aber, die großen Porzellan-Manufakturen, spiegeln die Einbuße an Geschmackssicherheit am deutlichsten. Nichts hat sich an der Technik der Produktion geändert, noch immer werden die Einzelstücke von Hand geformt und bemalt, und doch verlieren die Formen ihre Eleganz und das Dekor seine Sensibilität für die Zulässigkeit von Farb- und Goldkombinationen – weshalb denn bis zur Entdeckung des Trödels die Kunsthäuser keine Objekte nach der zweiten Hälfte des Jahrhunderts führten.

Erst die emotionale Flucht aus der Industriewelt hat jene Ware hochkommen lassen, mit der sich die Maschinenzivilisation umgibt und die für kein Geschmacksverlangen, sondern für eine Fluchtmentalität steht, so daß denn der Flohmarkt das deutliche Signal des Überdrusses der Epoche an sich selbst ist.

Der Häßlichkeitsprozeß, der die hundert Jahre zwischen 1880 und 1980 prägt und nur von vorübergehenden Kunstanstrengungen wie dem Jugendstil und dem Bauhaus unterbrochen wird, bis dann die zweite Gründerzeit nach diesem Kriege auf nahezu jedem Gebiet von der Möbelindustrie bis zum Städtebau den Bestand an Schönheit auslöscht, kommt nicht aus technischen, sondern aus geistigen Prozessen, die ja auch auf jedem anderen Feld zur Auflösung von Formen geführt haben. Es ist der Untergang jener alten Handwerkskultur Europas, die über ein Jahrtausend durchgehalten hatte und nun längst hinter dem Horizont versunken ist.

Nur die Stile hatten sich ja zwischen Gotik, Renaissance und Barock gewandelt, aber die Arbeitswelt war in all dieser Zeit so unverändert geblieben wie Auftragsvergabe und Absatzprozedur. Jede Betrachtung von Werkstattbildern des fünfzehnten oder achtzehnten Jahrhunderts zeigt, wie gleich sich das Machen wie das Verkaufen geblieben waren. Der Kunde betrat die Werkstatt und gab eine Truhe, einen Schrank oder eine Bettstatt in Auftrag, die dann nach neuestem Geschmack gefertigt wurden – der des Zunftverbots von Import und Export wegen regional gefärbt war, weshalb denn der Würzburger Dielenschrank anders als der Frankfurter Wellenschrank aussah und das geübte Auge die Kommode aus Schwerin auf einen Blick von der aus Potsdam oder Weimar zu unterscheiden weiß.

Nicht anders war es beim Künstler, der ein Auftragnehmer war; der Kunde entschied nicht nur über Bildformat und Gußmaterial, sondern nicht selten auch über das Motiv. Schadow erfüllt ganz selbstverständlich die inhaltlichen Wünsche seiner fürstlichen Besteller, und Schinkel gibt den Bildhauern der Schloßbrückenfiguren durch exakte Vorzeichnungen die Beinstellungen und Armbewegungen der gewünschten Heldenjünglinge an.

Tiefer als alle technischen Neuerungen greift die zunehmende Anonymität von Herstellung und Verkauf in die überlieferte Handwerkskultur ein – wenn dahinter natürlich auch der aufkommende Massenkonsum steht, der seinerseits durch Serienherstellung möglich gemacht wird.

Im achtzehnten Jahrhundert kommen die Akademie-Ausstellungen auf, im neunzehnten die Galerien. Der Sammler geht nicht mehr zum Künstler, kennt ihn nicht einmal mehr. An drittem Orte betrachtet er Kunstwerke, um das ihm Zusagende zu erwerben. Dies entbindet den Künstler, der ja auch ein »freier Künstler« sein will. Freiheit aber ist stets Gewinn und Schwächung zugleich. Die Ferne vom Auftraggeber überläßt ihn der Isolierung, bis er dann in unserer Zeit in den Häusern nicht mehr verkehrt, für die seine Arbeiten gedacht sind. Am Ende stehen ausgreifende Bildformate und raumfressende Blechgestänge, die in der Welt der Klein-Appartements nur das Museum will oder niemand.

Die Möbellager aber halten seit der Wende des achtzehnten zum neunzehnten Jahrhundert Ware bereit, sofern sie nicht längst dazu übergegangen sind, Angebotslisten zu verschicken, so daß Unzusammengehöriges und einander Fremdes zusammengetragen werden kann. Das gilt für oben wie für unten. Die Kommerzienratseinrichtung spiegelt das Sammelsurium ebenso wie das Meublement der Herrscherhäuser; das alle dreißig Jahre ausgetauschte Mobiliar des Berliner Stadtschlosses oder das der Wiener Hofburg zeigt, daß um 1900 der vorläufige Tiefpunkt erreicht ist.

Der Einschnitt um 1800 wird nicht durch die Abfolge von Louis Seize, Directoire, Empire, Klassizismus und Biedermeier gekennzeichnet: solche Wandlungen hatte es immer gegeben, um 1100 wie um 1400. Es wandelt sich, was immer gleich geblieben war: die Gebundenheit in Form- und Geschmacksüberlieferungen. Die Ära der Revolutionen bringt Befreiungsprozesse der Produzenten wie der Konsumenten, die so tief in das Gefüge eingegriffen haben wie die Ideen von 1780.

Der Handwerksmeister, der Truhen, Armreife oder Treppengeländer herstellte, wäre bis dahin gar nicht auf den Gedanken gekommen, Neuerungen zu erfinden, die vom Überlieferten abwichen. Er war eingebunden in das Formenreservoir seiner Epoche und in den Regionalstil. Erfindungen aus den Metropolen erreichten ihn spät und mit um so größerer Verzögerung, je weiter er ablag von den großen Handelszentren. Die kulturellen Rückzugsgebiete – Bergdörfer, Waldgebiete und Inseln – bewahrten das Herkömmliche über den Wandel der Epochen und Stile hinweg. Dort herrscht noch Renaissance, während längst der Barock auf der Tagesordnung steht. Der örtliche Schreiner auf den friesischen Inseln stellte am Ausgang des vorigen Jahrhunderts noch eichene Sekretäre in der Manier des achtzehnten Jahrhunderts her, und das Fischerhaus macht zwischen 1700 und 1900 nur geringe Wandlungen durch. Fremdes einzuführen war ohnehin unzulässig; aber es wäre auch als ungehörig empfunden worden. Die Zunftregeln von Thorn untersagen anfangs des sechzehnten Jahrhunderts ausdrücklich die Erfindung von Ungewohntem.

Das Herkommen prägte den Rhythmus und die Ausstattung des Lebens, und staunend betrachtete man das Exotische, das Kauffahrteischiffe gelegentlich mit sich führten; selbst dergleichen herzustellen wäre undenkbar gewesen. Das gab den Marktflecken und Kirchplätzen, den Bürgerhäusern und Bauernstuben nicht nur ihre Einheitlichkeit, sondern auch ihre Schönheit noch im Dürftigen. Nicht das Besondere, die ästhetische Anstrengung herrschte, sondern das Verbindliche. Sieht man auf den Gemälden jener Jahrhunderte eines dieser Interieurs, hat man eigentlich alle gesehen; die Wohnung des Kaufmanns unterschied sich von der des Goldschmieds nicht nach dem Maß formaler, sondern ökonomischer Möglichkeiten, wie ja auch der Vergleich von Goethes Haus mit dem Schillers nur den größeren Lebenszuschnitt des einen zeigt.

Solches Eingebundensein in das Übliche dispensiert vom Urteil. Häßlichkeit konnte nicht aufkommen, nur Dürftigkeit. Da die Freiheit im Ästhetischen nicht gegeben war, spielte es keine Rolle, daß Urteilsfähigkeit immer nur einer Minderheit gegeben ist, und so fällt es denn schwer, Geschmacklosigkeiten unter den Gebäuden und Möbeln des Barocks oder des Klassizismus ausfindig zu machen; die Unterwerfung unter die Regeln des Herkömmlichen sicherte die Einhaltung eines Epochenniveaus, das über die stets unzulängliche Individualität triumphierte.

Mit dem Untergang dieser tausendjährigen Handwerkskultur zerbrach auch der Formenkanon; nun wurde nicht nur alles möglich, sondern auch zulässig. Die Freiheit inthronisierte den Geschmack und damit den unzulänglichsten Richter in Kunstdingen. Nie hatte es eine Rolle gespielt, daß zu allen Zeiten nicht einmal fünf Prozent der Bevölkerung zumindest eine geringe Ahnung von dem Angemessenen haben. Nun plötzlich entschied der einzelne, wie er baute und wohnte und sich kleidete, und das Ergebnis begann in der zweiten Hälfte des vergangenen Jahrhunderts an den Plätzen unserer Städte, den Wohnungen unserer Häuser und an dem Anblick der sonntäglich gekleideten Menge auf den Straßen sichtbar zu werden.

Der Geschmack ist nicht schlechter geworden, er bringt sich nur zur Geltung. Die Liberalisierung und Demokratisierung hat auch die Ebene des für schön Gehaltenen erreicht, was für den Produzenten wie für den Konsumenten gilt. Das Resultat ist jenes Konglomerat von Beliebigem, das auf dem Feld des Lebensdekors die Möbelläden und Kaufhäuser zur Schau stellen. Es ist die Welt des Gerümpels und des Designs, aus der die Flucht zu den Restbeständen von einst geht, zu den Antiquitätengeschäften und Flohmärkten.

Solche Banalisierung des Epochenniveaus hat schließlich zu jenen altdeutschen Imbißstuben in stählernen Hochhäusern geführt, mit denen die Unwohnlichkeit sich gemütlich gibt. Nur darf man über dem ästhetischen Verdruß das andere nicht vergessen. Die Blüte zwischen Mittelalter und Neuzeit setzte eine »Knappheitsgesellschaft« voraus, in der noch um 1830 nur etwa fünf Prozent der Bevölkerung an der Wohn- und Lebenskultur ihrer Epoche teilhatten. Ganze weitere fünfunddreißig Prozent hatten kaum mehr als eine Tannenholztruhe und ein wenig Linnen; sechzig Prozent besaßen noch in der ersten Hälfte des Jahrhunderts nichts, über das sich testamentarisch verfügen ließ. Armut und Elend bestimmten das halbe Jahrtausend zwischen dem Bamberger Dom und Schlüters Schloßfront; aus dieser Welt, in der zwei von drei Menschen auf dem Lande wohnen, während neunzig Prozent der Produktion in der Stadt stattfindet, ist vorzugsweise deshalb nichts überkommen, weil es nichts gab.

Das war das Unaufhörliche – Katen aus Weidengeflecht oder Lehm, eine Liege aus Stroh, ein Haken für die Arbeitskleidung (Schränke und Truhen sind Großbauerngut), der Napf aus Holz oder – ein Zeichen von Wohlstand – aus irdenem Material. Das Bleibende war der Wechsel von Dürre und Überschwemmung, zu starkem Frost und zu heftiger Hitze, Fäulnis auf dem Halm und verquecktem Boden. Wenn man ohne allzu große Not über den Sommer kam und bis zur neuen Ernte überdauerte, war es schon ein Geschenk. Die periodisch wiederkehrenden Hungerepidemien sorgten für eine nur wenig schwankende Bevölkerung und also für das Dauernde. Der Wechsel des Natürlichen bestimmte den Rhythmus des Lebens. Burgen, Dome und Schlösser – und zwar in dieser Reihenfolge – spiegelten nicht nur eine jenseitige Welt; sie waren sie, fern und unwirklich.

Jahrhunderte hindurch hatte es in der aristokratischen und patrizischen Sphäre ein ausgeglichenes Verhältnis zwischen Produktion und Kaufkraft gegeben. In Zeiten guter Ernte sank der Getreidepreis, und also blieb mehr Geld für den Erwerb von Luxusgut, und dann blühte das Handwerk auf. Nach Mißernten, wie der »kleinen Eiszeit um 1700«, machte der Kornpreis die Anschaffung nur des Allernotwendigsten möglich, und die Werkstätten blieben ohne Auftrag. Der Bestand an Antiquitäten zeigt noch heute, in welchem Maße jeweils Geld verfügbar war, das in den schönen Lebensdekor floß; der Dreißigjährige Krieg und der Siebenjährige Krieg sind auch in diesem Betracht ein großer Einschnitt.

Für das kunstvolle und gebrechliche Gleichgewicht zwischen Produktion und Nachfrage hatte das System der Zünfte gesorgt, das mit Niederlassungsverboten die Konkurrenz abwehrte, um gleichmäßige Beschäftigung zu sichern. Der Meister durfte nur zwei Gesellen und einen Lehrling beschäftigen, weshalb denn der Weg zur eigenen Werkstatt für den Gesellen nicht selten über das Bett der Meisterswitwe führte; er war schon glücklich, wenn es das der Meisterstochter war.

Die Zunftregeln waren nicht nur die Arbeits-, sondern auch die Lebensform Alteuropas gewesen, und wenn sie auch zunehmend als bedrückend empfunden wurden, so hatten sie doch mit der wirtschaftlichen Sekurität des

Handwerks auch die künstlerische Solidität des Hergestellten verbürgt. Keine moderne Qualitätskontrolle kennt die Rigorosität der Zunftprüfungen; das Reglement war streng und konnte die bürgerliche Existenz vernichten.

Diese mit tausend Schwächen behaftete Handwerkskultur bricht in den Jahrzehnten der Revolutionen zwischen 1790 und 1830 zusammen: die vergleichsweise kleine Produktion ist dem Markt nicht mehr gewachsen, der durch wachsende Bevölkerung bei sich ausbreitendem Wohlstand geprägt wird. Zudem zwängte sich neben das alte städtische Patriziat das neue Bürgertum, bald auch der untere Mittelstand. Das Fallen des Zunftzwangs, die Gewerbefreiheit, war eine unvermeidbare Konsequenz.

Daß dies in jeder Hinsicht, auch in der des Traditionszusammenbruchs, ein revolutionärer Prozeß war, wurde früh schon gesehen, und zwar nicht nur von ständischen Gruppen, sondern auch von geschmacklichen Eliten. Neben dem Verlust des Adelsprivilegs für Heer und Beamtenschaft steht gleich folgenreich der Abbau des Vorrechts der Zünfte.

Jetzt drängten Werkstätten mit Dutzenden, in Paris und London mit Hunderten von Gesellen auf den Markt und befriedigten fabrikmäßig die Nachfrage. Wo der Geselle einst Jahrzehnte in der Werkstatt des Meisters gearbeitet hatte, machte er sich nun nach kürzester Zeit selbständig; frei zwar, aber ungeborgen, in materieller wie in geistiger Hinsicht. In wenigen Jahrzehnten zerbricht mit der Organisationsform auch der Traditionszusammenhang des Handwerks; es ist alles möglich, weil alles verfügbar ist.

Es ist die Bourgeoisie, die hochkommt und deren Verlangen nicht nach dem Vorbildhaften, sondern nach dem Prestigehaltigen geht. Nun plötzlich werden Bronceappliken an Möbeln montiert, wo sie nichts zu suchen haben, und die Nouveaux riches wollen auf dem Porzellan die prächtige Bemalung, die den edlen Scherben nahezu zudeckt. Eben noch hatte der Meister mit dem Auftraggeber kennerisch die Entwürfe für die Rocaille durchgesprochen, und Langhans legte sieben Entwürfe für das märkische Gutshaus vor, dessen Besitzer Erinnerungen an italienische Aufenthalte wiederfinden wollte. Auch Friedrich Wilhelm IV. wollte ja in Berlins Kirchen fernen Reminiszenzen an oberitalienische Campanili begegnen. Als sich der Kronprinz einen Pavillon in den Schloßpark von Charlottenburg stellte, mußte ihm Schinkel die Replik einer neapolitanischen Villa zeichnen, in der der fürstliche Bauherr schöne Sommertage verbracht hatte. Heute wissen weder Bauherr noch Baumeister um das Raffinement erinnernden Geschmacks. Produzent und Konsument stehen sich ahnungslos gegenüber, beide einander würdig. Mit der Erfindung des Preisgerichts notifiziert der Bauherr seine Abdankung.

Die Maschinen waren unschuldig, sie hätten strenge Lehnen leichter als geschnitzte herstellen können. Es ist der Geist, der verdorben ist und seine Unschuld nie wiedergewinnen wird. Was danach kommt, ist Industrie. Das Bauhaus gibt seine Legitimität auch darin zu erkennen, daß es ungleich Jugendstil und Art Deco keinen neuen Möbelstil mehr sucht, sondern ihn abschafft. Schränke, Kommoden und Truhen werden in Wandräume verbannt, und zum Sitzen sind Gurtgestelle da. Es geht nichts mehr. In die freien Räume aber drängt der Tand von gestern.

Das neue Jahrhundert hat viel gegeben und viel genommen. Der ungeheure Befreiungsprozeß, der über Europa gekommen ist, hat Versklavungen mit sich gebracht, von denen sich das alte nichts träumen ließ.

Die kaum glaubliche Vermehrung von Wohlstand wurde mit einer ästhetischen Verarmung bezahlt, die spät erst ins Bewußtsein trat. Die hilflose Verweigerungsgeste ländlicher Kommunen ist nur der armselige Ausdruck dafür; aber die Herstellung unbrauchbarer Gerätschaften und die Verfertigung handgesponnener Röcke sind kein Ergebnis von Denken, sondern ein Anlaß zum Denken. Welche Empfindungen von Einbußen bringen sich hier zur Geltung?

Über einander ablösende Zuversichten und wechselnde Glücksverheißungen hinweg ist spät erst in das Bewußtsein getreten, daß mit dem inspirierenden Elan der Revolution nicht ein Stil und eine Epoche endigten, sondern eine Welt. Es ist die Welt Alteuropas, das mit seiner Not auch sich selbst abschaffte. Es war eine Welt, in der es über ein Jahrtausend hinweg zur Ernährung eines Menschen der Ackerfläche von vier Morgen Land bedurfte und das scheinbare Gleichmaß des ländlichen Lebens vom ständigen Wechsel zwischen zuviel Trokkenheit und zuviel Regen bestimmt gewesen war und ein harter Winter – nach Michael Stürmers kräftiger Wendung – »fleischlose Suppen, Teuerung, Auflösung von Recht und Gesetz, Arbeitslosigkeit und Wanderung ins Nirgendwo« bedeutet hatte.

Aber darüber hatte sich auf der obersten, der schmalsten Spitze die Entrücktheit der Kathedralen, die Zuflucht der Klöster, der Glanz der Schlösser und in der Ferne irgendwo auch die douceur de vivre erhoben – von unwirklicher und grausamer Schönheit.

Der Zeitgeist als Versuchung

Man macht, wenn man nur genügend lange durchhält, seine Erfahrungen mit den Stimmungen der Epochen. Vor ziemlich genau einem Vierteljahrhundert legte der Autor unter dem Titel »Die gemordete Stadt« einen Protest gegen die moderne Stadtplanung vor, gegen die Tyrannei des rechten Winkels und das Ideal der entkernten, durchgrünten, verkehrsgerechten, weil geschwindigkeitstauglichen Stadt; der Dreißigjährige wurde heftig attackiert, und zwar von links bis rechts. Der Band galt als reaktionär, der Autor argumentiere, als habe es »Bauhaus« und »Charta von Athen« nie gegeben.

Auf Werkbund-Tagungen und Architekten-Kongressen wird der Band heute mitunter als Klassiker der Städtebau-Diskussion apostrophiert, und dem Autor soll es recht sein, denn er hat den Vorteil davon, und so hütet er sich, den Lobrednern in Erinnerung zu rufen, daß sie ihn einst aus dem Werkbund ausschließen wollten, aus dessen Berliner Vorstand er damals austreten mußte.

Wie oft hat man sich nicht in dieser Situation gefunden – ob man zusammen mit Ernst Jünger ein Buch gegen die Baumfeindschaft einer Epoche schrieb, die Millionen von Chausseebäumen ihrer lebensbedrohenden Hartleibigkeit wegen fällte, oder ob man vor fünfundzwanzig Jahren einen anderen Band gegen »Die große Landzerstörung« durch Chaussee-Begradigungen und Fluß-Kanalisierungen herausbrachte. Romantische Naturseligkeit, schrieb eine der angesehensten Zeitungen, die inzwischen die Rettung der Natur auf ihr Panier geschrieben hat, helfe der Industriegesellschaft auch nicht weiter. Das waren damals nämlich konservative Positionen, heute sind es grün-alternative; der Zeitgeist wandelt sich, und man muß nur darauf achten, daß man sich nicht mit ihm wandelt. Es irritiert ja nicht, daß man zu verschiedenen Zeiten verschieden denkt; das ist die natürlichste Sache von der Welt. Bedenklich ist, daß einen die Wortführer des Zeitgeistes anhalten, stets à jour, nämlich: auf der Höhe des Tages zu sein.

Es ist sehr merkwürdig, daß ein Begriff, der früher einen eher abschätzigen Klang hatte, in jüngster Zeit zu Ehren gekommen ist: der »Zeitgeist«. Wo immer man ihm begegnet, erscheint er als etwas Begrüßenswertes; »mit der Zeit zu gehen« gilt als Tugend, während es geradezu ein Defekt ist, hinter der Zeit zurückzubleiben. Eine der erfolgreichsten Ausstellungen der letzten Jahre hieß ganz schlicht »Zeitgeist« – die Schau im Berliner Gropius-Bau, mit der sich die Jungen Wilden erst richtig etablierten. »Zeitgebunden« zu sein, war früher eher ein Manko, wie voller Ironie hat sich Goethe immer wieder über den »Geist der Zeiten« geäußert. Jetzt will jedermann »auf der Höhe der Zeit« sein, Künstler bestehen darauf, »zeitgemäß« zu arbeiten, zum Beispiel Architekten und Städteplaner. Es ist ein kurioser Vorzug, dessen man sich so rühmt, denn wer sich der Zeit verbindet, verbindet sich der Kurzlebigkeit, und morgen schon wird ein anderer Geist an der Tête reiten.

Vor ein paar Monaten verfaßten einige Professoren der Berliner Hochschulen für Architektur eine Protestresolution gegen die damals beabsichtigte und inzwischen vollzogene Restaurierung der Fassade der alten Berliner Hochschule für Bildende Künste. Die Einschüsse im Mauerwerk, Relikte des Bombenkrieges und der Straßenkämpfe, müßten der politischen Moral wegen erhalten bleiben. Wer die Spuren des Krieges unsichtbar machen wolle, suche sich der Vergangenheit zu entziehen, verleugne die unheilvolle Geschichte unseres Landes. Wer das Gesicht der Stadt glätte, wolle auch die Vergangenheit glätten.

Das waren Professoren derselben Hochschulen, die in den fünfziger Jahren die Sprengung und den Abriß der ja nur mäßig beschädigten Gebäude der Technischen Hochschule am »Knie« durchgesetzt hatten, deren strenge Neorenaissance, wie man an den erhaltenen Quergebäuden noch heute sehen kann, zu den besten Werken der Wilhelminischen Wissenschaftsarchitektur gehört hatte. Aber nach der herrschenden Meinung wäre es nicht »ehrlich« gewesen, die Gehäuse des 19. Jahrhunderts wiederherzustellen; die neue Universität müsse »aus dem Geist unserer Zeit« gebaut werden. Übrigens hatte das die angenehme Beigabe, daß die Architekturprofessoren die Neubauten brüderlich unter sich aufteilen konnten.

Was ist uns nicht alles im Gewande der politischen Moral versichert worden, als man uns begreiflich machen wollte, daß man mit der Zeit gehen müsse. Zum Beispiel dürfe man nach dem »Bauhaus« keine Dächer mehr bauen, wie ja auch landschaftsgebundene, nämlich regional rücksichtsvolle Architektur auf Volkstümelei hinauslaufe und also düstere Erinnerungen wecke. Das Schlimmste waren aber geschlossene Straßen- und Platzräume, die nämlich das Spiegelbild einer geschlossenen Gesellschaft seien. Die offene, die freie Gesellschaft verlange auch in der Stadt den Abschied von den alten Stadtvierteln, das freie, weil nach allen Seiten hin offene Hochhaus im Park sei die gebaute Lebensform der Demokratie. So in den Festreden der Akademien und in den Beschlüssen der Parlamente. Das also war der Zeitgeist.

Es ist aber so schwer herauszufinden, was der Zeitgeist wirklich will. Wollte er in den fünfziger Jahren tatsächlich den Abriß all der ja nur mäßig beschädigten und häufig nur ausgebrannten Schlösser, Bahnhöfe und Theater zwischen Stuttgarts Neuem Schloß, Berlins Anhalter Bahnhof und Frankfurts Alter Oper – von denen wenigstens zwei durch aufstandsartige Bürgerbewegungen gegen den Willen der Stadtväter erhalten geblieben sind? Was für ein merkwürdiger Zeitgeist aber, der in jeder Stadt desselben Landes anders auftritt. In der Münchener Ludwigstraße stand doch zwischen Feldherrnhalle und Siegestor kein einziges Haus mehr, der Kurfürstendamm war im Vergleich dazu gut durch den Krieg gekommen.

War der Zeitgeist vielleicht nur ein Lokalgeist? In München wollte dieser Geist jedenfalls seine alte Stadt wiederhaben und stellte die Ludwigstraße Haus für Haus wieder her, während derselbe Geist in Berlin die ja nur ausgeglühten Fassaden des Kurfürstendamms zwischen Gedächtniskirche und Halensee abriß und sich das auch noch, von den Wortführern des Zeitgeistes akklamiert, hoch anrechnete. Der Stuck an den Fassaden symbolisiert den Stuck in den Köpfen; das sagte der Präsident der Berliner Akademie der Künste in seiner Rede und erhielt dafür lebhaften Applaus.

Die beiden Programme, vom Land inszeniert und vom Bund gefördert, hießen in Berlin »Abriß für den Wiederaufbau« und »Entstuckungs-Modernisierung«. Also: die Architrave, Gesimse und Baluster wurden demontiert, und Kiesel-Kratzputz kam an die Fassade. Der Staat ließ sich diese »Demokratisierung des Stadtgesichts« – so der Ausdruck Hans Scharouns – mehr an Zuschüssen kosten, als er heute für deren Wiederanbringung im Rahmen der »Stadtbildpflege« ausgibt.

Die Kulturkritiker aber, dem Zeitgeist immer auf den Fersen, klatschen heute wie damals Beifall. Natürlich sind die Intellektuellen das Salz der Erde, hinter allen geistigen Umbrüchen stehen Intellektuelle, von Renaissance und Reformation über Aufklärung und Revolution bis zu jener geistigen Bewegung, die wir Weimarer und Berliner Klassik nennen. Aber es gibt auch keine Narretei, die nicht von Intellektuellen zum Gebot der Stunde erklärt würde, zum Ausdruck der Zeit.

»Wehe dem Staat«, sagte Carlo Schmid einmal, »der

auf seine Intellektuellen nicht hört. Doppelt wehe dem Staat aber, der ihnen folgt.« Das gilt auf jedem Felde, auf dem des Zeitgeistes in besonderem Maße.

Was hat man, um noch einmal vom Städtebau zu reden, nicht alles für Thesen und Theorien aufgestellt, alle paar Jahre eine neue. Erst war die Rettung der alten Städte, die Wiederherstellung der ausgebrannten Restbestände der bürgerlichen Epoche ein Verrat an der Moderne. Eine neue Gesellschaft müsse sich neue Gehäuse schaffen, wie könne sie auf den Gedanken kommen, es sich in den Relikten der bourgeoisen, der domestizierten Welt bequem zu machen.

Dann brachte man das Argument der »Ehrlichkeit« ins Spiel. Ein ausgebranntes Gebäude historischen Ranges wiederherzustellen, laufe auf eine Fälschung, auf ein Falsifikat hinaus; die Atmosphäre des Gewesenen, die Aura des Ortes sei ja ohnehin dahin. Mit dieser Begründung widersprach man dem Wiederaufbau des Frankfurter Goethe-Hauses, setzte man den Abbruch des Braunschweiger Welfenschlosses durch, das mit einem Geschlecht verbunden gewesen war, das seit 1239 seinen Hausbesitz zwischen Elbe und Weser hatte.

Das war nun wieder ein anderer Zeitgeist; nicht das Neue verlangte nach zeitgemäßem Ausdruck, sondern das Alte wurde ein Opfer des Verlangens nach dem unverfälscht Alten. Ein Authentizitäts-Wahn, der sich gewissenhaft gab, sprengte bedauernd in die Luft, was nach seiner Wiederherstellung dem einstigen Original ja nur geglichen hätte, ohne es noch zu sein. Während sich Polen daranmachte, seinen baulichen Selbstausdruck aus dem Nichts neu zu schaffen, widersprachen in Deutschland die Wortführer des Zeitgeistes dem »Betrug«, den die Rekonstruktion von Schinkels Feilner-Haus, Stülers Krolloper oder des Belvedere von Langhans darstellen würde, um drei Berliner Beispiele zu nennen. Fast immer blieben sie siegreich, und Tausende von Baudenkmälern sanken in den Staub, romanische Klöster, gotische Kirchen, barocke Schlösser, leichter zu retten als Warschaus Königsschloß und Danzigs Krantor.

Unter den Manifesten und Resolutionen aber, die aus »Ehrfurcht vor der unverfälschten Tradition« für den Abriß all der alten Steine zwischen Xanten und Würzburg plädierten, fehlt kein Name, der damals Gewicht hatte: Werkbund-Vorsitzende und Akademie-Präsidenten, Architektur-Dekane und Verbands-Direktoren. Unberaten waren die Politiker nicht, als sie sich anschickten, Tabula rasa mit den durch den Bombenkrieg gekommenen Baudenkmälern zu machen; ängstlich sahen sie auf die Koryphäen, folgten den Gremien, in denen sich die Vernunft der Epoche versammelte. Der Staat ist unschuldig an dem, was angerichtet wurde zwischen Ulm und Lübeck; immer gab es einen Eiermann, der für ein Horten-Kaufhaus in der Altstadt von Heidelberg, einen Düttmann, der für ein Parkhochhaus am Kurfürstendamm, oder einen Spenglin, der für einen ungefügen Büroklotz gegenüber dem feingliedrigen Bahnhof von Bonn plädierte. Kommen einst die Protokolle der Beiräte und Preisgerichte ans Licht, wird man sehen, daß es die Zelebritäten waren, die den oft bedenklichen Stadtvätern einredeten, die Chance des Bombenkrieges zu nutzen, um die so lange ersehnte Idealstadt zu konzipieren.

Aber es dauerte nicht lange, bis sich ein neuer Zeitgeist zur Geltung brachte. Plötzlich kam man überein, daß Ruinen dort wiederhergestellt werden dürften, wo sich Geschichte begeben habe; nicht der Rang der Architektur, sondern das Gewicht der Historie entscheide über die Rettung eines beschädigten Baus; Paulskirche und Reichstagsgebäude stehen für diesen Triumph der Geschichte über die Kunst. Aber dieser Wiederaufbau müsse natürlich in der Formensprache der Gegenwart erfolgen, wobei beide Male der Geist der fünfziger Jahre über das siegte, was man doch gerade retten wollte. Nichts mehr erinnert im Innern von Paulskirche und Reichstag an jene Orte, an denen das Reich erst von unten erträumt und dann von oben erzwungen wurde; keine Reminiszenzen und Assoziationen stellen sich ein, niemand wird in Gedanken die Stimmen Gagerns und Fröbels, Bismarcks und Bebels hören, wenn er auf dem Gestühl Schwipperts und Baumgartens Platz genommen hat. Der Geist des Werkbundes hat über Liebhardts Frühklassizismus und Wallots hochkunstvollen Reichsstil gesiegt.

Man war immer auf der Höhe der Zeit, nur daß die Zeit alle zehn Jahre etwas anderes wollte. Erst wollte sie den Abriß, denn die Wiederherstellung spiegelte eine falsche Wahrheit vor. Dann wollte sie die Modernisierung, weil jede Epoche ihren eigenen Ausdruck finden müsse. Jetzt will sie noch den Einschuß im Mauerwerk konservieren, denn um der Wahrheit willen müssen die Erinnerungsmale der Schreckenszeit erhalten bleiben. Die Position ist jedesmal die entgegengesetzte, aber immer verletzen die Andersdenkenden die politische Moral. Der Zeitgeist unterhält nämlich die besten Beziehungen zur Tugend, und die jeweils andere Meinung steht nicht für die falsche, sondern für die unredliche Position.

Es ist dies ein Aspekt, der den kunstpolitischen Diskussionen etwas Bösartiges gibt. Wer die alten Städte retten wollte, suchte die alte Gesellschaft zu restaurieren; wer den Wiederaufbau des Reichstags nur im Gestus der Reichgründungszeit für sinnvoll hielt, verklärte die preußische Militärmonarchie; wer für die Renovierung der Hochschulfassade eintritt, will die Erinnerung an die Gewaltherrschaft aus dem Bewußtsein der Deutschen löschen – es geht kunterbunt durcheinander, aber man hat immer die Redlichkeit auf seiner Seite, der Zeitgeist ist das Weltgewissen.

Es ist so auf fast jedem Felde. Gut zwanzig Jahre war es gewissenhaft und fortschrittlich, der Geschichte den Rücken zu kehren. Als an der Wende der sechziger zu den siebziger Jahren die Auseinandersetzung mit dem Dritten Reich auf eine neue Stufe kam, war das eine höchst bedenkliche »Hitler-Welle«. »Das Herumstochern in dem verwesenden Kadaver des Gewesenen« mache nur die Tyrannei der Historie über das Bewußtsein offenbar; dem Projekt Moderne hat die Anstrengung zu gelten. Gut zehn Jahre später sprach es gegen die Deutschen, daß sie das ungeheure Geschehen nicht historisch aufarbeiteten, das die deutsche Geschichte ruinierte. Noch einmal zehn Jahre später ist die »Historisierung des Schauerlichen« dessen Relativierung. Bis in das Vokabular hinein gleichen sich die Anklagen, nur daß sie dem Entgegengesetzten gelten. Immer ist man mit sich und der Welt im Einklang, immer auf dem qui vive, immer à jour.

Noch ein Beispiel für unzählige? Von Lukács über die Frankfurter Schule bis zu Ernst Bloch war Adenauers Lebenswerk, die Integration des Rumpfstaates zwischen Nordsee und Bodensee in das Werte- und Ordnungssystem des Westens, die Auslieferung Deutschlands an den Geist der aggressiven Militärallianz. Heute reibt man sich die Augen. Der letzte Vertreter der einst großen Schule findet anläßlich der Diskussion über Mitteleuropa, Geschichtsmuseum und Holocaust, daß die Westbindung der Bundesrepublik die eigentliche Leistung der Bundesrepublik gewesen sei. Ist dies nun richtig oder war es die entgegengesetzte Position damals, oder meint man ganz einfach, daß ja niemand in den Archiven nachschlägt?

Der von Adenauer nur leise ausgesprochene und unter Wiedervereinigungs-Verheißungen gleich wieder zugedeckte Satz, wonach Freiheit stets vor Einheit gehe – weshalb Bonn um der sowjetischen Besatzungszone willen nicht auf die Westintegration verzichten dürfe –, galt damals den Linken auch in der eigenen Partei als Gipfel des nationalen Zynismus. Heute haben sich die Fronten wieder einmal verkehrt, nicht nur das Festhalten am Wiedervereinigungsgebot der Verfassung, das in der Tat illusionär sein mag, sondern auch das Nachdenken über Mitteleuropa ist bereits eine Gefährdung des Friedensprozesses und das Jagen nach einer Schimäre. Möglicherweise verhält es sich wirklich so, aber neulich las man es doch ganz anders.

Der Zeitgeist ist der trostloseste Führer durch das Labyrinth der Zeit, und nicht ihm zu folgen, sondern ihm zu widerstehen die eigentliche Aufgabe. Seit jeher war es das Verlangen der unabhängigen Köpfe, einen Standort außerhalb der Dinge zu gewinnen, der Verführung des Tages zu widerstehen. So dachten Michelet und Taine, so Croce und Borghese, als sie der mächtigen Epochentendenz zur Verklärung des starken Staates widerstanden, wie sie gerade von ihren Landsleuten Pareto, Mosca und Gentile Europa eingeredet worden war.

Aus dem Widerspruch zur Zeit lebt der bewegende Warnruf von Ernst Robert Curtius, als er wenige Wochen vor dem Hereinbrechen des Unheils – schon ohne eigentliche Hoffnung – das Buch publizierte: »Deutscher Geist in Gefahr«. Er war hinter dem Tag zurück, hatte die Zeichen der Zeit nicht gelesen, wie ihm Ernst Bertram entgegenhielt, jenes melancholisch stimmende Opfer des Zeitgeistes.

Vorsicht: Experten

Ende der siebziger Jahre hatte ein großes Warenhausunternehmen, das gerade dem Kurfürstendamm irreparable Schäden zugefügt hatte, Pläne zu einer großflächigen Modernisierung des Areals an der Berliner Fasanenstraße parat; die Parzellenstruktur der Bebauung sollte beseitigt und nach dem Abriß der ganze Block zwischen Fasanen- und Lietzenburger Straße auf die neuzeitlichste Weise bebaut werden, wenn irgend zulässig mit einem zurückgesetzten Hochhaus.

Der Streit ging hin und her, wenn auch unter Ausschluß der Öffentlichkeit, die ja über Jahrzehnte hinweg – und zwar vom Kurfürstendamm-Karree bis zum Steglitzer Kreisel – an städtebaulichen Planungen nur Anteil nimmt, wenn es zu finanziellen oder kriminellen, nicht wenn es zu gedanklichen Unregelmäßigkeiten kommt. Aber am Ende fand sich ein Kompromiß, der jene hochherzige Rettungsaktion möglich machte, die der schöne Anlaß dieser Stunde ist.

Bedenklicher noch war es um die Fasanenstraße zwanzig Jahre zuvor bestellt gewesen. Denn damals hatte kein privater Unternehmer, sondern der Staat selber einen Anschlag auf das Quartier vor. Anfang der sechziger Jahre befaßte sich der Planungsbeirat des Senats nämlich in mehreren Sitzungen mit dem alten Verkehrsproblem Berlins – dem Nord-Süd-Verkehr.

Die Stadt ist ja seit der Renaissance auf die Verbindungen zwischen den westlichen Teilen Brandenburgs, der Altmark und der Prignitz, und seinen östlichen Landesteilen angelegt, weit über Oder und Weichsel hinaus bis zur Memel. Diese Landstraße war die Grundlage dessen, was später einmal die Reichsstraße Nr. 1 sein sollte, die von Aachen nach Königsberg ging und nicht weit vom Platz, wo wir heute stehen, durch das alte Berlin führte.

Tatsächlich verfügt Berlin über ein ostwestliches Straßensystem, das selbst dem Sprung von der Einhunderttausend- zur Viermillionenstadt gewachsen war. Mit dem Nord-Süd-Verkehr kam die Stadt aber nie wirklich zurecht. Speers problematische Nord-Süd-Achse mit ihrem pompösen Mittelstück am Reichstag sollte ja mehr als Hitlers Triumphstraße sein, nämlich der Versuch, verkehrspolitische Sorgen, die von Schinkel bis Martin Wagner alle Stadtbaumeister Berlins beschäftigt hatten, ein für allemal zu lösen.

Den Nadelöhren des Nord-Süd-Verkehrs wollte Berlin noch einmal in den frühen sechziger Jahren zu Leibe rücken, und ich erinnere mich noch an die Planungsratssitzung, in der der damalige Generalbaumeister Berlins, Senatsbaudirektor Werner Düttmann, sekundiert vom damaligen Akademiepräsidenten, Hans Scharoun, das Ei des Kolumbus auf den Tisch legte – einen mehrbahnigen Tunnel, der den ganzen Kurfürstendamm-Bereich einfach unterfahren würde. Die Entwürfe müssen noch heute in den Aktenschränken des Bausenats liegen.

Das Projekt machte zwar eine Voraussetzung, aber sie wurde von dem Gremium eher als Benefiz denn als Minderung empfunden. Die ganze westliche Seite der Fasanenstraße mußte abgerissen werden, um Platz für die Tunnel-Rampen zu schaffen. Aber das war ja nur eine willkommene Gelegenheit, einige eklektizistische Häuser abzureißen, ein sonderbares Ensemble von Unzusammengehörigem – eine klassische, gartenumgebene Stadtvilla, ein ritterburgartiges Reihenhaus, in dessen Gotizismus sonderbar modern wirkende Elemente gemischt waren, und ein neoklassizistisches Rokoko-Palaischen, das an dessen Brandmauer geklebt war.

Das alles auf einen Schlag loszuwerden kam den Mitgliedern des Gremiums geradezu als Zugewinn der Tunnellösung vor, allen voran Scharoun, der ja vier Jahre zuvor selber einen Berlin-Plan vorgelegt hatte, der in unterirdischen Trassen schwelgte und in »Verteilern«, »Anbindern« und »Erschließern«.

Der Planungsbeirat traute seinen Ohren nicht, als eines seiner Mitglieder die Fasanenstraße den letzten intakten Kurfürstendamm-Bereich nannte, einziges verbliebenes Beispiel jener Seitenstraßen, in denen Autoren wie Thomas Wolfe und Diplomaten wie George F. Kennan in den zwanziger Jahren gewohnt hatten und die in deren Bücher eingegangen sind. Für die Restbestände der Gründerzeit zu streiten, kam dem Beirat geradezu als Humoreske vor; kurz zuvor hatte er doch gerade den

Beschluß gutgeheißen, die angrenzenden Nachbarstraßen, die Meineke- und die Uhlandstraße, nicht wiederherzustellen, sondern mit Parkhochhäusern auf moderne Weise zu nutzen. Der Senatsbaudirektor selber hatte den Betonkoloß, der vom Atlantikwall in die einst vornehmste Nebenstraße des Boulevards versetzt zu sein scheint, als vorbildliches Muster einer skulpturalen Architektur in einer Pressekonferenz präsentiert. Wenn den beiden anderen Seitenstraßen Behälter für stehenden Verkehr verordnet worden waren, war es nur gerecht, der letzten verbliebenen Nebenstraße eine Röhre für den unterirdisch fließenden Verkehr zuzudiktieren.

Der Kreis, in dem das besprochen und beschlossen wurde, bestand nicht aus Tiefbau-Ingenieuren; es gehörten ihm die vornehmsten und einflußreichsten Köpfe der Epoche an, all die Kammerpräsidenten und Verbandsvorsitzenden, die Akademie-Mitglieder und Hochschuldekane, die stets für Experten-Hearings zur Verfügung stehen.

Aber sie alle erfüllte ein sonderbarer Gleichmut angesichts der Verluste und eine unbegreifbare Gleichgültigkeit gegenüber den durch den Krieg gekommenen Restbeständen des alten Berlin. Das historische Gerümpel störte ja nur. Schwechtens Anhalter Bahnhof, bis auf Seidels kühne Dachkonstruktion vergleichsweise heil über den Krieg gekommen – weg damit. Stülers Krolloper, so mäßig beschädigt wie gleich nebenan das alte Generalstabsgebäude – ein paar Sprengkommandos erledigen das. Der Platz der Republik, 1950 in ausgeglühten Baukörpern voll erhalten, existiert 1960 nicht mehr.

Die Synagoge in der Fasanenstraße, wenngleich ausgebrannt, in Foyers, Treppen, Emporen noch immer eine glanzvolle Ruine, die man melancholischer Gefühle voll durchwanderte – einige Abriß-Birnen schaffen die Erinnerungen an das Gewesene beiseite.

All das ist keine Sache von ahnungslosen Baubeamten und unberatenen Politikern – Punkt für Punkt passieren diese Beschlüsse den Planungsbeirat des Landes Berlin, und da sitzen sie alle – Werkbund-Vorsitzende und BDA-Sprecher, Akademie-Präsidenten und Hochschul-Direktoren, alle die Experten, die gehört sein wollen, wenn es um Planung geht. Sie sind gehört worden, mehr als genug. Mitte der fünfziger Jahre stimmen sie dann auch noch dem Abriß des heute so begehrten Gropius-Baus zu, aus dem Flächennutzungsplan ist er damals schon getilgt.

Für die Handelnden von damals und für die sie Beratenden gibt es keine Vergangenheit mehr, weder die von eben – das Dritte Reich – noch die von gestern – die Republik – oder gar die von vorgestern – das Kaiserreich. Die Architektur ist da übrigens nur ein Sonderfall, auch die Literatur will ja Tabula rasa machen; selbst die Dichtung von Weimar ist abgemeldet. Die Wiederentdekkung Döblins oder Feuchtwangers, Benns oder Jüngers kommt zehn bis zwanzig Jahre später.

Die Kunst marschiert in dieser Abwertung von der Vergangenheit voran, die deutsche Spielart der École de Paris ist an der Tagesordnung. Für einen Theodor Werner oder Willi Baumeister kann man den halben Blauen Reiter kaufen, für Fritz Winter oder Georg Meistermann die Brücke samt Schlemmer, Barlach und Käthe Kollwitz. Als es Ende der vierziger Jahre so aussieht, als könne Beckmann ein Bild verkaufen, schreibt er in sein Tagebuch: toi, toi, toi.

Das ist die Lage, als es um die Fasanenstraße geht. Es war nahezu genierlich, den Namen Grisebach auch nur auszusprechen, fast so schlimm, als führte man die Namen Ihne und Wallot im Munde. Messel hat man über das ganze Stadtgebiet hin bedenkenlos abgerissen, vor Peter Behrens hatte man nicht haltgemacht, Muthesius war Geheimratsarchitektur. Wo etwas – wie im Falle des Reichstagsgebäudes – gerettet oder wiederhergestellt wurde, trotzte die Politik es der Kunstwelt ab, nicht umgekehrt; Scharoun drohte dem Architekten des Wiederaufbaus des Reichstags, Baumgarten, mit dem Austritt aus dem Preisgericht, wenn Wallots Bau nicht durchgreifend modernisiert und seiner Kuppel beraubt würde.

Was sollte da ein belangloses Ensemble von einigen Häusern in einer Nebenstraße des Kurfürstendamms? Wohnen würde man ja im City-Bereich ohnehin nicht mehr, das Leben werde sich aus diesen Zonen der alten Stadt zurückziehen, um draußen am Stadtrand in heiteren Gefilden des Hochhaus-Glücks zu sich selbst zu kommen. In derselben Sitzung, in der es um den Abriß der Fasanenstraße ging, wurde der erste Plan zum Märkischen Viertel vorgelegt; an ihrem Ende erklärte der hier Redende seinen Austritt aus dem Planungsbeirat des Landes Berlin.

Blickt man aus dem Abstand eines Vierteljahrhunderts zurück, so ist es dieser utopische Zug, der an einer Epoche auffällt, die das Desaster der wildesten aller Utopien erlebt hatte. Dem Ausbruch aus aller Kontinuität, den die Gewaltherrschaft gebracht hatte, folgte die Absage an alles, was in der Geschichte Stadt gewesen war, und auch hier waren es die brillantesten Köpfe, die in der Radikalität des Entwurfs neuer Formen des Zusammenlebens am weitesten gingen. Das offenkundige Scheitern des Aufbruchs in neue städtische Weiten ist ein Debakel von Leuten, die dem Bild von Genies so nahegekommen waren, wie das im Bereich des Bauens nur möglich ist. Eben das macht das Drama, in dessen Relikten wir leben, zu einer melancholischen Geschichte.

Der Plan eines Abrisses der Fasanenstraße, der nicht an einem Gefühl für das alte Berlin, sondern an mangelnden Mitteln gescheitert ist, war wie all die anderen Verwüstungs-Schritte der Nachkriegszeit kein Ergebnis von Gedankenlosigkeit, sondern ein solches angestrengten Nachdenkens. Der Epochengeist formulierte sich nicht auf seinem untersten, sondern auf seinem höchsten Niveau. Hinter den Entscheidungen stand die intellektuelle Avantgarde der Stadt, all die Preisträger und Preisverleiher, und die Stadtväter mißachteten den Rat der Fachleute nicht; sie befolgten ihn nur allzusehr. Nur unterderhand raunten sie einem gelegentlich zu, daß ihnen persönlich eine Sache auch contre cœur gehe; aber man müsse ja mit der Zeit gehen. Das Maß der Modernität war zur Legitimierung des Unschönen geworden.

Es waren die Zelebritäten der Epoche, aus deren Kreis

die krassesten Fehlentscheidungen hervorgingen, jene Verdammungen und Preisungen, die wir heute nicht mehr verstehen. Im Rückblick auf diese Erfahrungen sollte sich der Staat des skeptischen Wortes von Carlo Schmid erinnern: »Wehe dem Staat, der auf seine Intellektuellen nicht hört. Doppelt wehe dem Staat, der ihnen folgt.«

Die eigentliche Gefährdung kommt ja nicht aus dem dumpfen Beharren der Masse, sondern aus den wechselnden Verheißungen des unerhört Neuen. Noch die unsinnigste Utopie hat stets ihre intellektuellen Wortführer gehabt, und hinter jeder geschmacklichen Platitüde stehen Berater. Auch muß man den richtigen Augenblick abpassen, denn die Ratschläge folgen einander so schnell. Eben noch empfahl der Beirat die Führung einer geschwindigkeitstauglichen Trasse quer über das Gelände des Prinz-Albert-Palais, da Kreuzberg einer Anbindung an den Tiergarten bedürfe. Ein paar Jahre später verlangen die Sachverständigen – es sind dieselben Personen – die Heiligung des Geländes als eines Ortes maßloser Verbrechen. Der Zeitgeist, dem sogar Ausstellungen gelten, bringt nichts als Epochenstimmungen, und nicht ihm zu huldigen, sondern ihm zu widerstehen ist die eigentliche Herausforderung.

Inzwischen beraten hier in Berlin neue Experten über neue Verunstaltungen der Stadt, und wenn der Kurfürstendamm als Skulpturenboulevard vollendet ist, werden den Bürgern noch einmal die Augen übergehen. Sehnsüchtig wird Berlin auf die Champs Elysées, auf die Park Avenue, auf die Via Veneto blicken, wo große Boulevards sich gelassen sich selber hingeben und nicht der Promptheit des Augenblicks.

Wahrscheinlich sollte Berlin für eine Weile die Experten Experten sein lassen und sich ganz römisch verstehen: Senatus Populusque Romanus, der Senat und das Volk von Rom. Die Bürger der Stadt haben in den letzten Jahrzehnten viel eher einen Sinn für das Zuträgliche und Angemessene als deren Fachleute gehabt; die Epochentorheiten mußten ihnen damals wie heute eingeredet werden.

Die alte Arbeiterschaft wollte nie aus ihren so beladenen Quartieren in die Stadtrandsiedlungen umziehen; das war das Dilemma der Stadtplaner. Die Großflächensanierung, an der fast die gesamte Architekturgarde mitgewirkt hat, stieß auf den Widerspruch der Bewohner, die an ihren Fenstern zum Hof noch hingen, als ihnen die Architekten längst künstlich beleuchtete und belüftete Innenküchen und Badezimmer verordnet hatten. Und die Bürger hielten an ihren alten Straßen und Plätzen noch fest, als ihnen die Planungsdirektoren erklärten, daß sie in einer wilhelminischen Scheinwelt lebten, die man mit einem vom Staat finanzierten Modernisierungsprogramm wenigstens vom Stuck befreien müsse. Als ob gerade dieser Stuck nicht ein Sichzurücksehnen in die Geschichte gewesen wäre.

Die Fasanenstraße, deren Wiedergewinnung wir zu einem guten Teil der Deutschen Bank Berlin zu danken haben, ist längst vor der Fertigstellung schon zu einem belebten Punkt der Stadt geworden. Folgten andere Institute diesem Beispiel und retteten uns nicht nur Meineke- oder Uhlandstraße, sondern mutwillig ruinierte Plätze und Quartiere über das ganze Stadtgebiet hin, so könnte aus der von Gremien, Beiräten und Kommissionen geprägten Stadt vielleicht wieder ein Berlin werden, das das Gesicht seiner Bürger trüge – im Sinne jenes Wortes: Senatus Populusque Berolinensis.

Bruno Kreisky

Zwischen den Zeiten

Erinnerungen aus fünf Jahrzehnten

Vier Jahrzehnte hat Bruno Kreisky die Geschichte Österreichs maßgeblich bestimmt. Als Staatssekretär des Auswärtigen führte er die Verhandlungen über Österreichs Neutralität; als Außenminister wurde unter ihm die kleine Alpenrepublik ein Mitspieler auf der großen Bühne der europäischen Mächte; und in seiner Zeit als Bundeskanzler sprang der Gegensatz zwischen einem großen Mann und einem kleinen Land geradezu ins Auge.

Seine Lebenserinnerungen, ausgezeichnet als das meistverkaufte Buch Österreichs nach dem Kriege, ist ein Buch voll farbiger Geschichte geworden: vom Großvater in Böhmen, vom Katafalk des alten Kaisers Franz Joseph, den Träumen und Idealen des Zwanzigjährigen, den Erfahrungen des jungen Politikers, der mit den Gewaltigen im Kreml um Österreichs Einheit und Neutralität ringt.

»Mit diesen Memoiren hat sich Bruno Kreisky ein literarisches Denkmal gesetzt.« *Frankfurter Rundschau*

»Das politische Hausbuch des Bruno Kreisky.« *Frankfurter Allgemeine Zeitung*

»Der Leser sieht in diesem Buch versunkene Welten und Zeiten wiederentstehen. Auch die Tragik und das Furchtbare, Unsagbare fehlt nicht.« *Die Welt*

Ein Siedler Buch bei Goldmann
ISBN 3-442-12802-1

Helmut Schmidt

Menschen und Mächte

Helmut Schmidts Memoirenbuch »Menschen und Mächte« ist mit über 420000 verkauften Exemplaren der Originalausgabe der spektakulärste Memoirenerfolg der Nachkriegszeit geworden und in nahezu allen Weltsprachen erschienen. Dabei hat Helmut Schmidt nie zu den Politikern gehört, die viel von ihrem Privaten freigeben, er ist ganz in seinem Dienst aufgegangen. Der Mann und das Amt waren eins. Und der Staatsmann Helmut Schmidt spricht in diesem Band von den Mächten und Menschen, die als Partner und Gegenspieler sein politisches Leben bestimmten.

Die Sprache dieses Buches, das aus Erinnerungen Erfahrungen ableitet und das Nachdenken über die weltpolitische Gegenwart immer wieder an ganz konkrete Erlebnisse knüpft, trägt die unverkennbare Diktion Helmut Schmidts. Der Leser sieht, während er der Erzählung folgt, Schmidt auf der Bühne des Bundestags wie an den Tischen der internationalen Konferenzen, hört seine präzise und beherrschte Stimme.

Dies ist eines der großen politischen Bücher dieser Jahrzehnte, geschrieben von einem Mann, dem es nicht um die Schnörkel der Anekdoten, sondern um den Sinn der Geschichte geht.

»Schmidt ist ein guter Schreiber, ein scharfer Analytiker, und er liebt es, in großen Zusammenhängen zu operieren.« *NDR*

Ein Siedler Buch bei Goldmann
ISBN 3-442-12800-5

Fritz Stern

Der Traum vom Frieden und die Versuchung der Macht

Deutsche Geschichte im 20. Jahrhundert

Fritz Sterns großes Bismarck-Buch »Gold und Eisen · Bismarck und Bleichröder« eröffnete die Wiederentdeckung des Reichsgründers. Der Autor, in Breslau geboren und heute in New York lebend, ist seitdem auch im Bewußtsein der Öffentlichkeit als einer der großen Historiker der Epoche etabliert. Der vorliegende Band gilt dem großen Gegensatz, der die Geschichte des 20. Jahrhunderts bestimmte: dem ewigen Traum vom Frieden und der immer erneuten Versuchung der Macht.

Der Traum vom Frieden – das sind Albert Einsteins, Fritz Habers und Ernst Reuters verschiedenartige Visionen von einem demokratischen Deutschland. Die Verführung zur Macht – das ist der gleisnerische Glauben an ein Deutschland als Großreich, ist aber auch späte Selbstreinigung eines Landes, das aus den Katarakten der Gewaltherrschaft aufgetaucht ist. So steht nicht zufällig am Schluß dieses Buches die große Rede zum 17. Juni 1953, die Fritz Stern im deutschen Bundestag im Sommer 1988 gehalten hat.

»Sterns Ansicht, die deutsche Vergangenheit sei auf eine neue, unheimliche Weise gegenwärtig, mag manchen erstaunen – bedenkenswert ist sie allemal, auch wenn derzeit neue Seiten im Buch der Geschichte aufgeschlagen werden.«

Deutsches Allgemeines Sonntagsblatt

Ein Siedler Buch bei Goldmann

ISBN 3-442-12808-0